教育部职业教育与成人教育司推荐教材

中等职业学校机械专业教学用书

数控机床编程与操作

第 2 版

中国机械工业教育协会

全国职业培训教学工作指导委员会　组编

机电专业委员会

冯小平　主编

机械工业出版社

本教材是为中等职业学校机械专业编写的理论课教材，主要内容为：数控机床基本组成和工作原理、数控机床的结构、数控机床坐标系、数控编程基础、数控车削加工工艺与编程、数控镗铣削及加工中心加工工艺与编程、计算机辅助编程。

本教材力求简明实用，对数控技术的基础理论本着够用、实用的原则仅作一般性介绍，而对数控工艺编程及加工操作的内容，则作了大量的阐述，并以典型加工实例进行详细分析，每章末附有复习题。

本教材可供中等职业技术学校和技工学校机械类专业师生使用。

图书在版编目（CIP）数据

数控机床编程与操作/冯小平主编；中国机械工业教育协会，全国职业培训教学工作指导委员会机电专业委员会组编. —2 版. —北京：机械工业出版社，2012.12（2024.1 重印）

教育部职业教育与成人教育司推荐教材. 中等职业学校机械专业教学用书

ISBN 978-7-111-40449-1

Ⅰ.①数… Ⅱ.①冯…②中…③全… Ⅲ.①数控机床-程序设计-中等专业学校-教材②数控机床-操作-中等专业学校-教材 Ⅳ.①TG659

中国版本图书馆 CIP 数据核字（2012）第 274962 号

机械工业出版社（北京市百万庄大街 22 号 邮政编码 100037）
策划编辑：王华庆 责任编辑：王华庆 宋亚东 版式设计：霍永明
责任校对：陈 越 封面设计：赵颖喆 责任印制：李 昂
北京中科印刷有限公司印刷
2024 年 1 月第 2 版第 9 次印刷
184mm×260mm · 11.25 印张 · 273 千字
标准书号：ISBN 978-7-111-40449-1
定价：35.00 元

电话服务　　　　　　　　网络服务
客服电话：010-88361066　　机 工 官 网：www.cmpbook.com
　　　　　010-88379833　　机 工 官 博：weibo.com/cmp1952
　　　　　010-68326294　　金 书 网：www.golden-book.com
封底无防伪标均为盗版　　机工教育服务网：www.cmpedu.com

教育部职业教育与成人教育司推荐教材
中等职业学校机械专业教学用书
编审委员会名单

主　　任　郝广发

副 主 任　周学奎　　刘亚琴　　李俊玲　　何阳春　　林爱平
　　　　　李长江　　付　捷　　单渭水　　王兆山　　张仲民

委　　员　（按姓氏笔画排序）
　　　　　于　平　　王　珂　　王　军　　王洪琳　　付元胜
　　　　　付志达　　刘大力　　刘家保　　许炳鑫　　孙国庆
　　　　　李木杰　　李稳贤　　李鸿仁　　李　涛　　何月秋
　　　　　杨柳青　　杨耀双　　杨君伟　　张跃英　　张敬柱
　　　　　林　青　　周建惠　　赵杰士　　郝晶卉　　荆宏智
　　　　　贾恒旦　　黄国雄　　董桂桥　　曾立星　　甄国令

本书主编　冯小平

参　　编　李长江　　黄春平　　芦耀武　　鲁小红　　赵　鹏

本书主审　刘克成

前　言

　　由中国机械工业教育协会、全国职业培训教学工作指导委员会机电专业委员会组编的中等职业学校机械专业和电气维修专业教学用书（共22种）自2003年出版以来，已多次重印，受到了教师和学生的广泛好评，并且有17种被教育部评为"教育部职业教育与成人教育司推荐教材"。

　　随着技术的进步和职业教育的发展，本套教材中涉及的一些技术规范、标准已经过时，同时，近年来各学校普遍进行了教学和课程的改革，使教学内容也有了一定的更新和调整。为更好地服务教学，我们对本套教材进行了修订。

　　本次修订，充分继承了第1版教材的精华，在内容、编写模式上做了较多的更新和调整，配套资源更加丰富。第2版教材具有以下特点：

　　（1）内容新而全　本套教材在修订过程中，主要是更新陈旧的技术规范、标准、工艺等，做到知识新、工艺新、技术新、设备新、标准新，并根据教学需要，删除过时和不符合目前授课要求的内容，精简赘述、繁杂的理论，适当增加、更新相关图表和习题，重在使学生掌握必需的专业知识和技能。

　　（2）编写模式灵活　为了适应教学改革的需要，部分专业课教材采用任务驱动模式编写。

　　（3）配套资源丰富　本套教材全部配有电子课件，部分教材有配套习题集或复习思考题。

　　本套教材的编写工作得到了各相关学校领导的重视和支持，参加教材编审的人员均为各校的教学骨干，使本套教材的修订工作能够按计划有序地进行，并为编好教材提供了良好的保证，在此对各个学校的支持表示感谢。

　　本书由冯小平主编，参加编写的有李长江、黄春平、芦耀武、鲁小红、赵鹏，全书由刘克成主审。具体编写分工如下：第一、三章由冯小平编写，第二章由李长江编写，第四～七章由黄春平、芦耀武、鲁小红、赵鹏编写。

　　尽管我们不遗余力，但书中仍难免存在不足之处，敬请读者批评指正。我们真诚地希望与您携手，共同打造职业教育教材的精品。

中国机械工业教育协会

全国职业培训教学工作指导委员会机电专业委员会

目 录

第一章

数控机床的基本组成和工作原理

◇◇◇ 第一节　数控技术概述

随着科学技术的迅速发展，机械制造技术发生了深刻的变化，传统的机械加工设备已很难适应市场对产品多样化、高质量的要求。而数控技术及数控机床的应用，则成功地解决了一些几何形状复杂、一致性要求较高的中小批量零件自动化加工问题，大大提高了加工效率和加工精度，而且还减轻了工人的劳动强度，缩短了生产周期，提高了企业的竞争能力。

一、数控技术的基本概念

1. 数控

数控，即数字控制（Numerical Control，简称 NC），简称数控，就是用数字化的信息对机床的运动及其加工过程进行控制的一种方法。简单地说，数控就是采用通用计算机或专用计算机装置进行数字计算、分析处理、发出相应指令，对机床的各个动作及加工过程进行自动控制的一门技术。

由于早期数控系统功能全靠数字电路实现，因此称为 NC 系统（硬件数控系统）。这种数控系统电路复杂，元器件数量较多，功能扩充难以实现，可靠性低，维修困难。现代数控系统都采用小型计算机或微型计算机系统实现，称为计算机数控系统（即 Computer Numerical Control，简称 CNC）。与硬件数控系统相比，计算机数控系统在控制功能、精度、可靠性等方面有很大的改善，而且其体积被大大缩小。所以，在本书中所出现的"数控"或"数控系统"都是指计算机数控系统。

2. 数控机床

所谓数控机床，就是配有计算机数控系统的自动化机床。数控机床、数显机床和程控机床是完全不同的三种机床。数显机床，只能显示机床工作台的位置坐标，而机床动作不是自动控制的。程控机床，即由可编程序控制器控制的机床，这种机床只能按照某种特定的工艺要求编制出控制程序，来控制机床的各个动作，而不能对其位置进行精确控制，一旦这种控制程序确定下来以后，机床的整个加工过程也就相应确定了。数控机床可根据加工工件图样的不同随时改变工件加工程序。因此，数控机床加工具有很好的灵活性，即所谓"柔性好"。

3. 数控加工

数控加工，是指在数控机床上进行工件的切削加工的一种工艺方法，即根据工件图样和工艺要求等原始条件，编制工件数控加工程序（简称为数控加工程序）并输入数控系统，以控制机床的刀具与工件的相对运动，从而实现工件的加工。例如，加工图 1-1 所示的台阶轴，若在卧式车床上加工，刀具从起始位置快速接近工件、对加工表面进行切削、快速退回等一系列的开机、停机、进给、主轴变速等操作，都是由人工手动完成的。

在仿形机床上或其他自动机床上加工时，上述的操作和运动参数是通过凸轮、靠模、挡块等装置确定的。它们虽然能加工比较复杂的工件，有一定的灵活性和通用性，但是工件的加工精度受凸轮、靠模制造精度的影响，工序准备时间也较长，而且当工件的几何形状较为复杂时，这类机床可能无法加工。

如前所述，在数控车床上加工，首先根据工件图样制订加工工艺，按规定的代码，将加工内容、尺寸和加工操作步骤等编制成工件

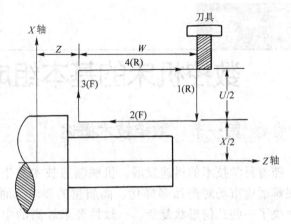

图1-1 台阶轴的车削加工
R—快速移动 F—切削进给

加工程序清单，然后将其输入机床数控装置中，数控机床即可自动地加工出工件来。由此可见，数控加工就是以控制计算机（数控装置）及其执行机构代替人的大脑和双手，并且能控制全部的加工过程。

二、数控机床的组成及工作原理

数控机床作为一种典型的机电一体化设备，其组成主要包括机床控制系统和机床本体两大部分。从机械结构的角度讲，其基本布局和普通机床相似。因此，数控机床和普通机床相比，主要特征是前者具有功能强大的、智能化的电气控制系统，即计算机数控系统。一般

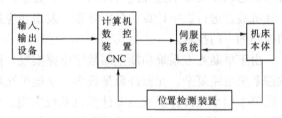

图1-2 标准型数控机床的组成

的标准型数控机床的组成如图1-2所示。现将其各组成部分的功能和工作原理简述如下。

1. 输入、输出设备

输入设备的主要功能是将工件加工程序、机床参数及刀具补偿、间隙补偿值等数据输入到机床计算机数控装置。具体地说，数控机床上的输入设备，主要有键盘、光电阅读机、磁盘及磁带接口、通信接口等。输出设备主要是将工件加工过程和机床运行状态等打印或显示输出，以便于工作人员操作。一般的数控机床输出设备，主要有CRT显示器、LED显示器、LCD显示器以及各种信号指示灯、报警蜂鸣器等。RS-232接口是一种标准的串行输入、输出接口，可实现工件加工程序的打印、数控机床之间或机床和计算机之间的数据通信等。

2. 计算机数控装置

计算机数控装置，简称数控装置或CNC装置。它是数控机床的控制核心，其作用类似人的大脑，主要功能是接收输入设备输入的加工信息，完成数据的存储、计算、逻辑判断、输入输出控制等，并向机床各驱动机构发出运动指令，指挥机床各部件协调、准确地执行工件加工程序。

3. 伺服系统

伺服系统是指数控机床的电气驱动部分，它接收计算机数控装置发来的各种动作命令，

并精确地驱动机床进给轴或主轴运动。伺服系统的性能是影响数控机床加工精度和生产率的主要因素之一。

4. 机床本体

机床本体是数控机床的主体，是用来完成各种切削加工的机械部分。数控机床的机械结构，除了主运动系统、进给系统以及辅助部分，（如液压、气动、冷却和润滑部分）等一般部件外，还有些特殊部件（如刀库、自动换刀装置（ATC）、自动托盘交换装置等）。

5. 位置检测装置

在数控机床中，检测装置的作用主要是对机床的转速及进给实际位置进行检测并反馈回计算机数控装置，进行补偿处理。运动部分通过传感器，将角位移或直线位移转换成电信号，输送给计算机数控装置，与给定位置进行比较，并由计算机数控装置通过计算，继续向伺服机构发出运动指令，对产生的误差进行补偿，使机床工作台精确地移动到要求的位置。

综上所述，数控机床的基本工作过程为：操作人员首先根据工件加工图样的要求，确定工件加工的工艺过程、工艺参数和刀具位移数据，再按编程手册的有关规定编写工件加工程序，然后通过键盘、穿孔纸带、通信或 MDI（Manul Date Input，手动数据输入）等方式，将加工工件程序输入到计算机数控装置中。当加工程序输入到数控装置后，在数控系统内部的控制软件支持下，经过处理与计算后，发出相应的运动指令，通过伺服系统驱动机床工作台按预定的轨迹运动，以进行工件的自动切削加工。

三、数控机床的分类

数控机床经过几十年的发展，其品种越来越多，结构和功能也各具特色，加之从不同的技术和经济指标出发，可以对数控机床进行不同的分类。因此，数千种数控机床如何分类，目前国内外尚无统一规定。这里，仅从应用的角度出发，按工艺用途对数控机床进行分类。

1. 普通数控机床

这类数控机床和通用机床一样，主要有数控车床、数控铣床、数控钻床、数控镗床、数控磨床等。如图 1-3、图 1-4 所示分别为 CK7815 型数控车床和 XK5040 型数控铣床。

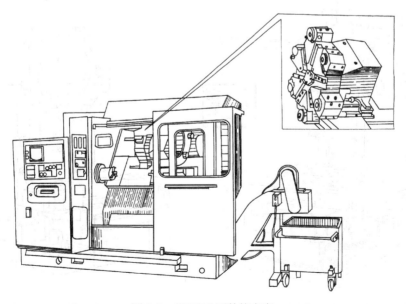

图 1-3　CK7815 型数控车床

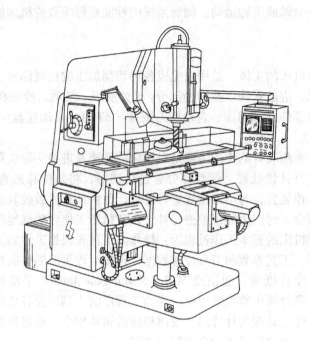

图1-4 XK5040型数控铣床

2. 加工中心

数控加工中心机床，简称加工中心（Machining Centre，简称MC），它是功能较全并具有多种工艺手段的全功能型数控机床。最常用的加工中心有镗铣加工中心和车削加工中心。出于习惯，在实际使用中通常提到的加工中心都指镗铣加工中心。

图1-5为典型的TH5632立式镗铣加工中心，图1-6为XH754卧式镗铣加工中心。

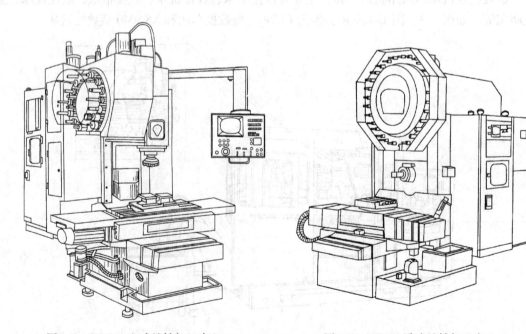

图1-5 TH5632立式镗铣加工中心　　　　　　　　图1-6 XH754卧式镗铣加工中心

加工中心区别于普通数控机床的主要特征是：加工中心设置有刀库和相应的自动换刀机构（如换刀机械手）。其刀库中可存放几把、几十把甚至几百把不同类型的刀具或检测工具，这些刀具或检测工具在加工过程中通过加工程序可自动进行选用及更换。

加工中心的主要特点是，工件经一次装夹后，能自动进行多工序的连续加工（如钻、铰、镗、铣及攻螺纹等），可省去较多的专用工装。可用其加工的典型零件以复杂、精密的箱体类居多。加工中心一般以镗铣加工中心和车削加工中心居多，当然也有钻削加工中心、磨削加工中心等。镗铣加工中心还可分为多种类别，除常用的卧式、立式、双柱（龙门式）加工中心外，还有单工作台、多工作台及复合（五面）加工中心等。

3. 特种数控机床

特种数控机床是配置有专用的计算机数控系统并自动进行特种加工的机床。其特种加工的含义，主要是指加工手段特殊，工件的加工部位特殊，加工的工艺性能要求特殊等。例如，数控电火花机床（图1-7），数控线切割机床（图1-8），数控激光切割、打孔、焊接机床，数控火焰切割机床，数控弯管机床，数控冲床，数控剪板机床等。

图1-7　数控电火花机床

图1-8　数控线切割机床

四、数控机床的特点

1. 加工精度高

数控机床是高度综合的机电一体化设备。它由精密机械和自动化控制系统组成，机床的传动系统与机床的结构都有很高的刚度和热稳定性。在设计传动结构时，采取了减小误差的措施，并由计算机数控装置进行补偿，所以数控机床有较高的加工精度。此外，数控机床加工不受工件复杂程度的限制，这一点是普通机床无法与之相比的。

2. 加工生产率高

数控机床具有良好的刚性，可以进行强力切削，而且空行程可采用快速进给，大大减少了空行程的时间；数控机床进给量和主轴转速范围都较大，可以选择最合理的切削用量；对工具和夹具要求低，机床不需要进行复杂的调整；数控机床有较高的重复定位精度，大大地缩短了生产准备周期，节省了测量和检测时间。

3. 产品质量稳定

由于数控机床是按所编程序自动进行加工的，消除了操作者的人为误差，提高了同批工件加工尺寸的一致性，工件质量稳定，产品合格率高。

4. 劳动强度低且劳动条件好

利用数控机床进行加工，操作人员要做的工作主要有程序的编制和调试，监视加工过程并装卸工件（有的全功能数控机床装饰工件也是自动完成的）。除此之外，不需要进行繁重的重复性手工操作，劳动强度与紧张程度均可大为减轻。

5. 经济效益好

在数控机床上改变加工对象时，只需要重新编写加工程序，不需要制造更换许多工夹具，可节省大量工艺装备费用；又由于工件加工精度高、质量稳定、降低了废品率，还可使生产成本大大下降。

6. 便于管理

采用数控机床加工，能准确地计算工件的加工工时，并有效地简化检验、工夹具和半成品的管理工作，易于构成柔性制造系统（FMS）和计算机集成制造系统（CIMS）。

虽然数控机床有上述许多优点，但其初期投资大，维修费用高，要求管理及操作人员的技术素质也较高。因此，应合理地选择及使用数控机床，以提高企业经济效益和竞争力。

五、数控机床的应用范围

数控机床是一种高度自动化的机床，有一般机床所不具备的许多优点，所以数控机床的应用范围在不断扩大。但数控机床是一种高度机电一体化的高技术含量、高成本的设备，使用和维修都有一定难度。所以，从最经济的角度出发，数控机床适用于加工以下工件：

1）多品种小批量的工件。

2）结构较复杂，精度要求较高的工件。

3）需要频繁改型的工件。

4）价格昂贵，不允许报废的关键工件。

例如图1-9所示的工件比较适合于数控机床加工。

图1-9　适合数控机床加工的工件

六、数控机床的产生与发展

1. 数控机床的产生

1952年美国麻省理工学院与帕森斯公司成功研制了世界上第一台数控机床——三坐标立式铣床，其数控系统采用电子管电路组成；1959年3月，克耐·社列克公司开发出第一台加工中心。这是一种具有自动换刀装置的数控机床，它能实现一次装夹，进行多工序的加工，从而揭开了加工中心的序幕。从1960年开始，德国、日本等一些工业发达国家都陆续地开发、生产及使用了数控机床。

1974年，微处理器开始直接用于数控机床，进一步促进了数控机床的普及应用和飞速发展。20世纪80年代初，国际上又出现了以1（或2~3）台加工中心或车削中心为主体，再配上工件自动装卸和监控检验装置的柔性制造单元（Flixiable Manufacturing Cell，简称FMC）。由于微电子和计算机技术的不断发展，数控机床的数控系统也随着不断更新，发展异常迅速，几乎每2~3年时间就更新换代一次。

2. 我国数控机床的发展简述

我国从1958年开始研制数控技术，几十年来，经过了发展、停滞、引进技术等几个阶段。1958年开始，全国有上百所高等学校、研究机构和工厂开展数控机床的研究和试制，由于国产元器件不配套，加之工艺和技术还不够成熟，数控研究工作纷纷下马。从20世纪80年代开始，随着改革和开放的不断深入，国内一些单位大胆从日本、德国、美国等国家引进了较先进的数控技术，在消化国外技术的基础上，对高档的数控系统进行了大量的开发工作，例如五轴联动的数控系统、分辨力0.001mm的高精度车床用数控系统、数字仿型的数控系统、为柔性制造单元配套的数控系统等陆续开发出来，并制造出了样机，有些已投入了批量生产。

七、数控机床的发展趋势

随着微电子技术、计算机技术、精密制造技术以及检测技术的发展，数控机床性能日臻完善，数控系统应用领域日益扩大。科学技术的发展使得各生产部门对工艺要求不断提高，这又从另一方面促进了数控机床的发展，当今数控机床正在不断采用最新技术成就，朝着高速度化、高精度化、多功能化、智能化、复合化、系统化与高可靠性等方向发展。

1. 高速度化、高精度化

速度和精度是数控系统的两个重要技术指标，它直接关系到加工效率和产品质量。对于数控系统，高速度化首先是要求计算机数控系统在读入加工指令数据后，能高速地处理并计算出伺服电动机的位移量，并要求伺服电动机高速地作出反应。此外，要实现生产系统的高速化，还必须谋求主轴、进给、刀具交换、托板交换等各种关键部分实现高速化。现代数控机床主轴转速在12000r/min以上的已较为普及，高速加工中心的主轴转速高达100000r/min；快速进给速度一般机床都在每分钟几十米以上，有的机床高达120m/min。加工高精度比加工速度更为重要，微米级精度的数控设备正在普及，一些高精度机床的加工精度都在0.1μm以下。

2. 高可靠性

新型的数控系统大量采用大规模或超大规模的集成电路，采用专用芯片及混合式集成电路，使线路的集成度提高，元器件数量减少，功耗降低，为提高可靠性提供了保证。

现代数控机床都装备有计算机数控系统（即CNC系统），只要改变软件控制程序，就可以适应各类机床的不同要求，实现数控系统的模块化、标准化和通用化。数控控制软件的功能更加丰富，具有自诊断及保护功能。为了防止超程，可以在系统内预先设定工作范围（即软极限），避免由于限位开关的不可靠而造成超程。数控系统还具有自动返回功能，即断点保护功能。

3. 多功能

大多数数控机床都具有图形显示功能，可以进行二维图形的加工轨迹动态模拟显示，有的还可以显示三维彩色动态图形（图1-10）；具有丰富的人机对话功能，"友好"的人机界面；可以实现程序的输入、编辑、修改、删除等功能。现代数控系统除了能与编程机、绘图机、打印机等外设通信外，还能与其他 CNC 系统通信，或与上级计算机通信，以实现 FMS 的连接要求。

4. 智能化

数控系统应用高技术的重要目标是智能化，如引进自适应控制技术、人机会话自动编程、自动诊断并排除故障等智能化功能。

5. 复合化

复合化是近几年数

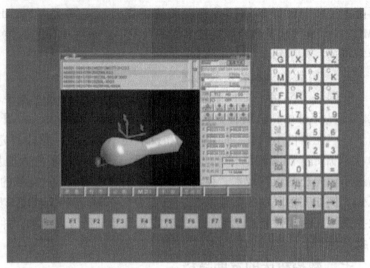

图 1-10　加工轨迹动态模拟显示

控机床发展的模式，它将多种动力头集中在一台数控机床上，在一次装夹中完成多种工序的加工。如立卧转换加工中心、车铣万能加工中心及四轴联动（X、Y、Z、C）的车削加工中心等（图 1-11）。

图 1-11　四轴联动车削加工中心

◇◇◇◇　第二节　机床数控系统

数控机床主要是由机床本体和控制系统（即计算机数控系统）两大部分组成的。数控机床所有工作，都是在其数控系统的控制、管理和监督下进行的。因此，计算机数控系统的性能决定着数控机床整机的性能和档次。

一、计算机数控系统组成及分类

1. 计算机数控系统的组成

机床数控系统由输入输出设备、计算机数控装置、主轴驱动装置、进给驱动装置、位置检测系统和可编程序控制器（PLC）等模块组成。其组成框图如图 1-12 所示。

计算机数控装置是整个数控系统的控制核心，它通常由一台带有专门控制软件的工业计

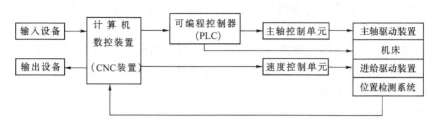

图 1-12　计算机数控系统组成框图

算机构成，数控装置采用数字信号形式指令控制机床运动部件的速度和轨迹，以实现对工件给定形状的加工。数控装置和通用计算机系统一样，由硬件和软件系统组成。

数控系统的控制软件，一般由初始化模块、输入数据处理模块、插补运算处理模块、速度控制模块、系统管理模块和诊断模块等组成。当然，不同档次的数控系统的控制软件会有些差别，但其基本模块类似。

2. 机床数控系统的分类

由于计算机技术、微电子技术和数控技术的高速度发展，每隔二、三年，甚至一年左右，就有更新换代的新系统面世，故对数控系统的类别，至今也无严格的界限。对使用者而言，按其结构、功能及价格，大致可分为经济型、标准型和高档型三大类数控系统。

（1）经济型数控系统　经济型数控系统一般是指结构简单、具备基本功能、针对性强、精度适中、价格低廉的数控系统。这种数控系统特别适合于老设备技术改造和老产品的更新。由于经济型数控系统适合我国当前国情，因此得到了广泛应用。

不同驱动装置的经济型数控系统，由于采用不同种类的驱动执行元件，因此其精度和功能上也有差异。经济型数控系统中最常用的驱动电动机为功率步进电动机，且为开环控制。早期的经济型数控系统还采用电液脉冲马达作为驱动元件。在一些高档的经济型数控系统中，有的还采用了闭环控制，这种系统具有良好的调速性能、过载能力及效率高等优点，其中以直流伺服电动机驱动的居多，国产的经济型数控系统大多属于这一种。

20 世纪 90 年代，出现了一些新型经济型数控系统，这类数控系统是指在其经济性指标基本保持不上升或略为上浮的前提下，进一步扩充某些功能的系统。如 20 世纪 90 年代后期西门子公司推出 802S 和 802D 系统、北京发那科公司推出的 Power 0 和 0i Mate 系统及功能较弱的一些国产系统。

（2）标准型数控系统　标准型数控系统又称为普及型数控系统。国产的这类数控系统绝大部分是引进国外技术，在国内组装生产的。这类系统的技术较为成熟，功能也比较丰富，如全闭环或半闭环控制、恒线速切削、全屏幕菜单式编程、彩色 CRT 或 LCD 实时动态图形显示及用户宏程序功能等。标准型数控系统多用于普及型数控机床，部分用于加工中心。其代表性的标准型数控系统，主要有日本 FANUC 0i 系列系统、德国 SINUMERIK 810D 系统及西班牙 FAGOR 8025/30 系统等。这类数控系统早期一般采用直流伺服驱动系统，现在都采用全数字化交流伺服驱动系统。

（3）高档型数控系统　高档型数控系统主要应用于全功能数控机床，这类数控系统功能分别有：

1）多轴联动，包括各个主轴和多个进给坐标轴，现已达20轴以上。

2）曲面直接插补。

3）彩色显示，包括三维立体曲面的仿真、动态跟踪图形显示，以及在任意二维平面上进行离线（指生产线，即正在加工的过程）的进给轨迹显示。

4）蓝图（几何图形）编程。

5）高级语言编程。

代表性的数控系统有日本 FANUC 16i 和 SIMENSE 840D 等。

二、插补原理

数控机床之所以能够加工一些几何形状复杂的工件，就是因为数控机床的坐标轴能够联动。要使机床坐标轴联动，就必须要求数控系统能够产生一系列控制坐标轴的运动指令。因此，机床数字控制的中心问题，是计算机数控装置如何按照输入的数控程序，通过运算处理来控制刀具的运动轨迹。这些计算处理过程，就是由数控系统软件的插补功能模块来实现的。

插补就是在已知曲线的起终点之间，确定一些中间点坐标值的一种计算方法。机械零件的几何轮廓大部分由直线和圆弧组成，因此大多数 CNC 装置一般都具有直线和圆弧插补功能。只有在某些较高档次或有特殊要求的 CNC 装置中才具有抛物线、螺旋线插补等功能。

工件程序中提供了直线的起点和终点坐标，圆弧的起始点坐标以及圆弧走向（顺时针走向或逆时针走向）和圆心相对于起点的偏移量或圆弧半径。除了上述几何信息外，工件程序中还有所要求的轮廓进给速度和刀具参数等工艺信息。插补的任务，就是根据程序进给速度的要求，完成从轮廓起点到终点的中间点坐标值的计算。

插补是实时性很高的工作，每个中间点坐标的计算时间直接影响系统的控制速度，中间点坐标的计算精度又影响到整个 CNC 系统的精度，因此，插补算法对整个 CNC 系统的性能指标至关重要，是 CNC 系统控制软件的核心。寻求一种简便有效的插补算法一直是人们努力的目标。就目前应用的插补算法而言，可以分为两大类：脉冲增量插补和数字采样插补。下面仅就脉冲增量插补法中的逐步比较法进行简要介绍。

逐步比较插补法的工作周期如图 1-13 所示。

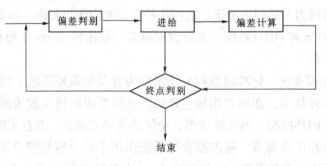

图 1-13 逐步比较插补法的工作周期

1）偏差判别：偏差判别是指判别刀尖当前位置相对于给定曲线轮廓的偏离情况，以此决定刀具的进给方向。在刀具进给的过程中，因为刀尖（刀位点）位移的实际轨迹点一般不会落到理想轨迹上，所以，通过偏差判别（根据图 1-13 中的四个工作节拍，计算机按其轨迹方程分析动点位置）后，即可知道加工点是否偏离了理想轨迹，以及偏离的情况如何。

这一节拍非常重要，因为通过这一节拍进行准确判别后，将直接决定其下一步该向哪个方向进给。

2）进给：根据偏差判别的结果，控制刀具向靠近其理想轨迹的方向进给一步，即向给定的轮廓靠拢，以减少偏差。这一步既可以是主运动坐标轴方向的，也可以是从运动坐标轴方向的，仍通过计算机分析和确定，也可以两者同时进给。

3）偏差计算：当刀具在其偏差判别节拍之后进给了一步，从而到达一个新的插补点位置时，这个新的插补点是否在其理想轨迹上或是否距离理想轨迹距离小于一个脉冲，则需要进行偏差判别。如不是，则需要确定其偏离的位置及方向，以便继续进行插补工作。

4）终点判别：在插补过程中，插补点每位移一步，就要判别一次该点是否到达终点。当通过终点判别之后确认插补点尚未到达终点时，计算机就自动重复进行前述三个工作节拍，这样一直循环下去，直至被确认到达终点，数控装置就会向伺服系统发出停止进给的命令，该加工程序段的插补过程也就结束了。

由上述可以看出，当刀具不再轮廓曲线上时，插补总是使刀具向靠近工件轮廓的方向移动，从而减少了插补误差；当刀具正好处于工件轮廓上时，插补使得刀具离开工件轮廓。每插补一次，刀具就沿相应坐标轴的方向走一步，所以逐点比较法的插补误差总是被控制在一个脉冲当量之内。图1-14所示为逐步比较法的直线插补轨迹。

逐点比较法插补是根据刀具与被加工轮廓曲线之间的相对位置来确定刀具运动方向的，所以在两坐标轴的数控机床中得到了普遍应用，不易实现两坐标以上的插补。大于两坐标的插补运算，一般是采用更高级的插补算法，如数据采样插补法。

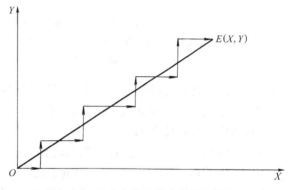

图1-14　逐步比较法的直线插补轨迹

◇◇◇　第三节　数控机床面板及其操作

数控机床的操作过程为：开机、回参考点（也称为回零）、编辑程序、对刀、输入零偏及刀补参数、程序校验、首件加工。

一、数控车床控制面板及其操作

1. 数控车床系统控制面板及按键说明

图1-15所示为采用FANUC-0i-TD系统的数控车床控制面板（CRT/MDI面板），其各键的名称及其功能如下：

（1）CRT监视器　显示各种参数和功能，如显示机床参考点坐标、刀具起始点坐标、输入数控系统的指令数据、刀具补偿量数据、报警信号、滑板移动速度、加工轮廓、主轴转速及图像功能等。

（2）复位键（RESET）　机床自动运行时，按下此键，则机床的所有操作都停下，若恢

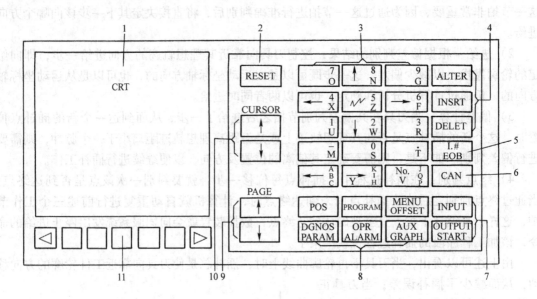

图 1-15 采用 FANUC-0*i*-TD 系统的数控车床控制面板（CRT/MDI 面板）

1—监视器 2—复位键 3—地址数字键 4—程序编辑键 5—程序结束键 6—取消键

7—输入、输出键 8—主功能键 9—翻页键 10—光标键 11—软键

复自动运行，刀具须返回参考点，从程序首开始执行。

（3）地址数字键 地址数字键共有 15 个键，用于输入字母、数字及其他符号。每次输入的字符都显示在 CRT 屏幕上。

1）地址键：G、M——准备功能与辅助功能指令；F——进给量；S——主轴转速；X、Y、Z——绝对坐标；U、V、W——增量坐标；A、B、C——移动坐标轴；I、J、K——圆弧圆心坐标；R——圆弧半径；T——刀具号或换刀指令；O、P——程序名；N——程序段号。

2）数字键：由数字及符号组成。

（4）程序编辑键 用于程序的输入与管理。

1）ALTER 键：用于更改程序。

2）INSRT 键：用于插入程序。

3）DELET 键：用于删除程序。

（5）程序段结束键（EOB） 又称程序段输入键、确认键、回车键。

（6）取消键（CAN） 用于删除已输入到缓冲器里的字符。例如，输入了 N011 后，按 CAN 键，则 N011 被取消。

（7）输入、输出键

1）INPUT 键：用于输入参数或补偿值等，也可在 MDI 方式下输入命令数据。

2）OUTPU TSTART 键：用于启动在 MDI 方式下的命令。

（8）主功能键 又称为状态键，共 6 个。

1）POS 键：显示当前机床的位置。

2）PROGRAM 键：在 EDIT（编辑）方式下，编辑、显示存储器里的程序；在 MDI（手动数据输入）方式下，输入、显示 MDI 数据；在机床自动操作时，显示程序指示值。

3）MENU OFFSET 键：用于设定、显示参数和刀具补偿值。

4）DGNOS PARAM 键：用于系统参数的设定、显示及自诊断数据的显示。

5）OPR ALARM 键：用于报警信号显示，软件显示。

6）AUX GRAPH 键；用于图形的显示（无图形功能时，不使用）。

（9）翻页键（PAGE）　又称页面键，〈↓〉键用于 CRT 画面向后翻页，〈↑〉键用于 CRT 画面向前翻页。

（10）光标移动键（CURSOR）　〈↓〉键用于将光标向下（后）移，〈↑〉键用于将光标向上（前）移。

（11）软键　软键的功能不确定，其含义显示于当前屏幕下方或右方对应软键的位置上，随主功能状态不同而异。

2. 数控车床操作面板及各键说明

图 1-16 所示为采用 FANUC-0i-TD 系统的数控车床操作面板，其各键的名称及其功能如下：

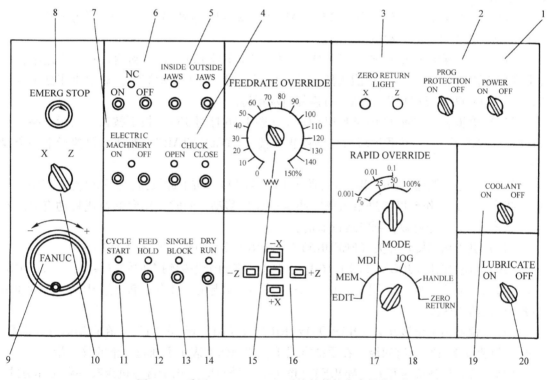

图 1-16　采用 FANUC-0i-TD 系统的数控车床操作面板

（1）控制系统电源钥匙开关（POWER）（图 1-16 序号 1）　置 "ON" 为开，置 "OFF" 为关。

（2）程序保护钥匙开关（PROG PROTECTION）（图 1-16 序号 2）　置 "ON" 为开，置 "OFF" 为关。

（3）机床参考点（基点）指示灯（ZERO RETURN LIGHT）（图 1-16 序号 3）　机床工作台到参考点时，相应轴的指示灯亮。

（4）卡盘夹紧、松开按钮（CHUCK）（图 1-16 序号 4）　只有当卡盘夹紧（指示灯亮）

后，机床方能起动。

（5）内卡、外卡方式选择开关（INSIDE JAWS）、（OUTSIDE JAWS）（图1-16序号5）。

（6）NC系统电源通断按钮（NC）（图1-16序号6）置"ON"为开，置"OFF"为关。

（7）主电动机电源通断按钮（ELECTRIC MACHINE RY）（图1-16序号7）置"ON"为通，置"OFF"为断。

（8）紧急停止按钮（EMERG STOP）（图1-16序号8）当出现异常情况时，按下此按钮，机床立即停止工作，待排除故障机床恢复工作时，需按照按钮上的箭头方向转动，按钮即可弹起，解除急停。

（9）手摇脉冲发生器（图1-16序号9）俗称手摇轮，顺时针转动为坐标轴的正向，逆时针转动为坐标轴的负向，手摇轮每格的移动量由快速进给倍率旋转开关控制。

（10）手摇轮进给轴选择开关（图1-16序号10）置"X"时，X向进给；置"Z"时，Z向进给。

（11）程序循环起点按钮（CYCLE START）（图1-16序号11）用于自动方式下自动运行的起动，指示灯亮为自动运行状态。

（12）进给保持按钮（FEED HOLD）（图1-16序号12）在自动运行状态下进给暂停（滑板停止移动），M、T、S功能仍然有效。按下按钮，其上指示灯亮，显示机床处于暂停状态。按（CYCLE START）按钮，可恢复自动运行。

（13）单步运行按钮（SINGLE BLOCK）（图1-16序号13）按下按钮，指示灯亮，在自动运行方式下执行一个程序段后自动停止，按（CYCLE START）按钮，再执行下一个程序段……

（14）空运行按钮（DRY RUN）（图1-16序号14）按下此按钮，指示灯亮，程序段中的F指令无效，工作台以"进给倍率"指定的速度移动，同时工作台的快速移动有效。再按下该按钮，F指令有效，则空运行取消。

（15）进给倍率旋转开关（FEEDRATE OVERRIDE）（图1-16序号15）

（16）点动按钮（JOG）（图1-16序号16）有四个坐标轴方向键（＋X、－X、＋Z、－Z），每次只能压一个，按下按钮时，工作台移动，抬起时，工作台停止。中间一个为JOG方式时快速倍率按钮。

（17）快速倍率旋转开关（RAPID OVERRIDE）（图1-16序号17）在自动运行方式下，快速进给速度F的倍率有四级。在手摇方式下，快速倍率表示手摇轮每格的移动量。

（18）方式选择旋转开关（MODE）（图1-16序号18）用于选择机床某一种工作方式。将开关旋至所需的工作方式时，才能操作机床实现各种动作。

1）编辑方式（EDIT）：可将加工程序手动输入到存储器中，可以对存储器内的程序进行修改、输入和删除，同时可输入或输出穿孔带程序。

2）存储器工作方式（MEM）：机床执行存储器中的程序，自动加工工件。

3）手动数据输入方式（MDI）：用MDI键盘直接将程序（数据）输入到存储器中，并立即运行，将此方式称为手动方式；用MDI键盘将加工程序输入到存储器中，此方式称为手动数据输入。

4）点动方式（JOG）：用此按钮使工作台快速移动，移动速度由进给倍率旋转开关

（FEEDRATE OVERRIDE）设定。

5）手摇脉冲（手摇轮）方式（HANDLE）：转动手摇轮，可使工作台移动，每次只能移动一个坐标轴。在手摆脉冲方式下，可用快速倍率旋转开关（RAPID OVERRIDE）选择手摇轮在进给轴方向的四种移动倍率。

6）返回参考点方式（ZERO RETURN）：用 JOG 按钮使 X、Z 轴返回机床参考点，对应的 ZEROX、ZEROZ 参考点灯亮。

（19）切削液开关（COOLANT）（图 1-16 序号 19）　置为"ON"，则在加工过程中可用 M 指令指定冷却单元的起动与停止。

（20）润滑循环起动开关（LUBRICATE）（图 1-16 序号 20）　置为"ON"，则润滑油在机床主电动机起动时实现自动定时加注。

二、数控铣床控制面板及其操作

1. 数控铣床系统控制面板操作及按键说明

图 1-17 所示为采用 FANUC-0i-MD 系统的立式数控铣床控制面板（CRT/MDI 面板），其各键的名称及其功能如下：

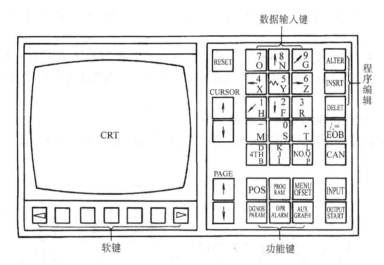

图 1-17　采用 FANUC-0i-MD 系统的立式数控铣床控制面板（CRT/MDI 面板）

（1）CRT 监视器　显示各种参数和功能，如显示机床参考点坐标、刀具起始点坐标、输入数控系统的指令数据、刀具补偿量数据、报警信号、工作台移动速度、加工轮廓、主轴转速及图像功能等。

（2）复位键（RESET）　按下此键，复位 CNC 系统，包括取消报警、主轴故障复位、中途退出操作循环、输出过程等。

（3）光标移动键（CURSOR）　用于在 CRT 页面上一步步移动光标。"↓"键将光标向下（后）移，"↑"键将光标向上（前）移。

（4）页面变换键（PAGE）　用于屏幕选择不同的页面。"↓"键为画面向后翻页，"↑"键为画面向前翻页。

（5）地址键和数字键　按下这些键，输入字母、数字和其他字符。

（6）位置显示键（POS）　在 CRT 上显示机床现在的位置。

（7）PROGRAM 键　在 EDIT（编辑）方式下，编辑、显示存储器里的程序；在 MDI（手动数据输入）方式下，输入、显示 MDI 数据；在机床自动操作时，显示程序指示值。

（8）MENU OFSET 键　用于设定、显示参数和刀具补偿值。

（9）DGNOS PARAM 键　用于系统参数的设定、显示及自诊断数据的显示。

（10）OPR ALARM 键　用于报警信号显示、软件显示。

（11）图形模拟键（AUX GRAPH）　用于图形的显示（无图形功能时，不使用）。

（12）替换键（ALTER）　用于更改程序。

（13）插入键（INSRT）　用于插入程序。

（14）删除键（DELET）　用于删除程序。

（15）EOB 键　程序段输入键、确认键、回车键。

（16）取消键（CAN）　按下此键，删除上一个输入的字符。

（17）输入键（INPUT）　除了程序编辑方式以外的情况，当面板上按下字母或数字键后，必须按下此键才能输入到 CNC 内；另外，与外部设备通信时，按下此键才能启动输入设备，开始输入数据到 CNC 内。

（18）输出起动键（OUTPUT START）　按下此键，CNC 开始输出内存中的参数或程序到外部设备。

（19）软键　软键的功能不确定，其含义显示于当前屏幕下方或右方对应软键的位置上，随主功能状态不同而异。READY（准备好指示灯）；当机床复位按钮按下后机床无故障时灯亮。

2. 立式数控铣床操作面板及各键说明

图 1-18 所示为采用 FANUC-0*i*-MD 系统的立式数控铣床操作面板，其各键的名称及其功能如下：

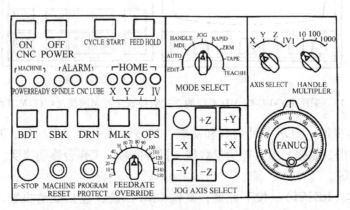

图 1-18　采用 FANUC-0*i*-MD 系统的立式数控铣床操作面板

（1）电源按钮（CNC POWER）　按下 ON 键，接通 CNC 电源，按下 OFF 键，断开 CNC 电源。

（2）循环起动按钮（带灯）（CYCLE START）　在自动操作方式下，选择要执行的程序后，按下此按钮，自动操作开始执行，在自动循环操作期间，按钮内的灯亮。

（3）进给保持按钮（带灯）（FEED HOLD）　机床在自动循环期间，按下此按钮，机床立即减速、停止、按钮内灯亮。

（4）方式选择开关（MODE SELECT）

1）EDIT：编辑方式。

2）AUTO：自动方式。

3）MDI：手动数据输入方式。

4）HANDLE：手摇脉冲发生器操作方式。

5）JOG：点动进给方式。

6）RAPID：手动快速进给方式。

7）ZRM：手动返回机床参考点方式。

8）TAPE：纸带工作方式。

9）TEACH. H：手动示教方式。

（5）程序段跳步功能按钮（带灯）（BDT）　在自动操作方式下，按下此按钮灯亮时，程序中有"/"符号的程序段将不执行。

（6）单段执行程序按钮（带灯）（SBK）　按此按钮灯亮时，CNC 处于单段运行状态，在自动方式下，每按一下 CYCLE START 按钮只执行一个程序段。

（7）空运行按钮（带灯）（DRN）　在自动方式或 MDI 方式下，按此按钮灯亮时，机床执行空运行方式。

（8）机床锁定按钮（带灯）（MLK）　在自动方式或 MDI 方式或手动方式下，按此按钮灯亮时，伺服系统将不进给（如原来已进给，则伺服进给将立即减速、停止），但位置显示仍将更新（脉冲分配仍继续），M、S、T 功能仍可有效地输出。

（9）急停按钮（E-STOP）　当出现紧急情况时，按下此按钮，伺服进给及主轴运转立即停止工作。

（10）机床复位按钮（MACHINE RESET）　当机床刚通电，释放急停按钮后，需按下此按钮，进行强电复位。另外，当 X、Y、Z 碰到硬限位开关时强行按下此按钮，手动操作机床，直至退出限位开关（此时务必小心选择正确的运动方向，以免损坏机械部件）。

（11）开关（带锁）（PROGRAM PROTECT）　需要进行程序储存、编辑或修改自诊断页面参数时，需要用钥匙接通此开关（钥匙右旋）。

（12）进给倍率修调开关（旋钮）（FEEDRATE OVERRIDE）　当用 F 指令按一定速度进给时，从 0～150% 修调进给速率，当用手动 JOG 进给时，选择 JOG 进给倍率。

（13）手动轴选择按钮（JOG AXIS SELECT）　手动 JOG 方式时，选择手动进给轴和方向，但务必注意，各轴箭头指向是表示刀具运动方向（而不是工作台）。

（14）手摇脉冲发生器（MANUAL PULSE GENERATOR，简称手脉）　当工作方式为手脉 HANDLE 或手脉示教 TEACH. H 方式时，转动手脉可以正方向或负方向进给各轴。

（15）手脉进给轴选择开关（AXIS SELECT）　用于选择手脉进给的轴。

（16）手脉倍率开关（HANDLE MULTIPLER）　用于选择手脉进给时的最小脉冲当量。

（17）MACHINE　POWER READY　POWER（电源指示灯）主电源开关合上后灯亮；READY（准备好指示灯）；当机床复位按钮按下后机床无故障时，灯亮。

（18）ALARM　SPINDLE CNC LUBE　SPINDLE，主轴报警指示；CNC，CNC 报警指示；LUBE，润滑泵液面低报警指示。

（19）HOME　X　Y　Z　Ⅳ　分别指示各轴回零结束。

三、开机、回参考点

开机后的回零操作，即机床回到机床参考点。此时，机床参考点和机床原点之间的偏移值存放在机床参数中，机床控制系统进行了初始化，同时建立了机床坐标系。

回参考点操作一般有两种方法，即手动回参考点和自动回参考点。下面以 SINUMERIK 802S/C 数控铣床为例介绍回参考点步骤。

1. 手动回参考点（图 1-19）

1）用机床控制面板上回参考点键启动"回参考点"。

2）按住坐标轴方向键，直到"回参考点"窗口中显示该轴已经到达参考点。如果选择了错误的回参考点方向，则不会产生运动。给每一坐标轴逐一回参考点。通过选择另一种运行方式（如 MDA、AUTO 或 JOG）可以结束该功能。

2. 自动回参考点（图 1-20）

1）起动机床控制面板上的 MDA 运行方式（西门子系统中 MDA 和发那科系统中的 MDI 方式意义相同）。

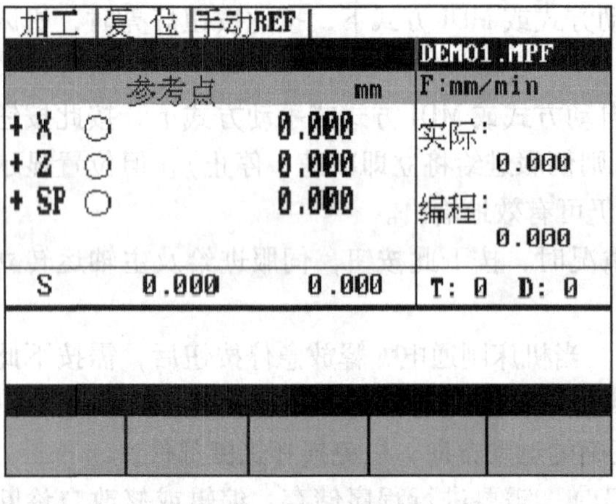

加工	复 位	手动REF		
				DEMO1.MPF
				F:mm/min
	参考点		mm	
+X ○		0.000		实际
+Z ○		0.000		0.000
+SP ○		0.000		编程
				0.000
S	0.000	0.000	T: 0	D: 0

图 1-19　手动回参考点

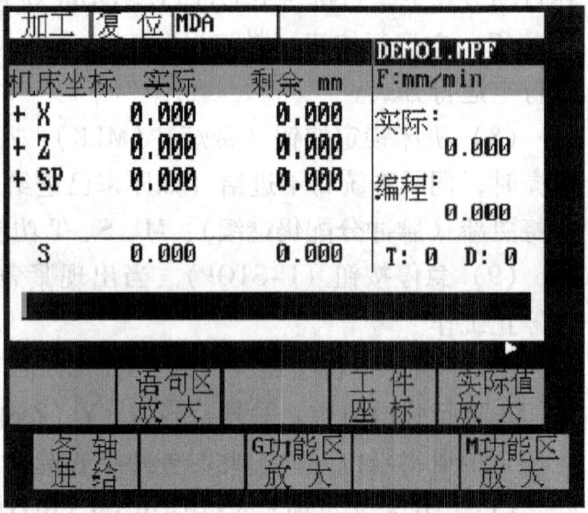

加工	复 位	MDA		
				DEMO1.MPF
机床坐标	实际	剩余 mm		F:mm/min
+X	0.000	0.000		实际
+Z	0.000	0.000		0.000
+SP	0.000	0.000		编程
				0.000
S	0.000	0.000	T: 0	D: 0
	语句区 放大		工件 座标	实际值 放大
各轴 进给		G功能区 放大		M功能区 放大

图 1-20　MDA 运行方式回零

2）输入 G74 X0、Y0、Z0，按下控制面板上的回车键，G74 后面为所需回零的坐标轴。

3）按下循环起动键，此时机床即自动返回机床参考点。

注意：一般情况下，回参考点后操作者应习惯用手动方式将机床工作台移至某一适当位置。

四、程序的检索和编辑

程序的编辑包括程序的输入、修改和插入。对于同一系统而言，数控车床和数控铣床是相似的。开机、回零后，就可根据要求的操作方式，进行相应的操作。下面就 FANUC 0-M 系统数控铣床的操作说明如下。

数控加工程序的输入方法较多，如键盘输入、穿孔纸带输入、磁带输入、磁盘输入以及 RS232 通信输入等。对于手工编程而言，主要采用键盘输入方法。穿孔纸带和磁带输入法在现代数控机床上已基本被淘汰。

1. 由键盘输入程序的操作步骤

1）打开存储器保护钥匙开关。

2）选择编辑方式。

3）按〈PROGRAM〉键。

4）键入程序号地址 O 和数字，再按〈INSRT〉键。

5）按程序单输入第一个程序段，在程序段尾按〈EOB〉键，加入";"。

6）依次输入各程序段。

7）程序全部输入后，按下〈RESET〉键，程序返回开始程序段。

被输入的程序段显示在画面的下方，如果在输入的过程发现错误，则用〈CAN〉键把刚输入的字删除后重新输入。一程序段字符数不能超过 32 个，超过时可分段输入。

2. 由 CNC 装入程序

1）将 MODE 设定在"纸带传输"，并将记忆锁打开。

2）将 CNC 程式通过电脑传输。

3）按〈PROGRAM〉键。

4）按"O"及程序号码。

5）按〈INPUT〉键。

3. 程序号的检索

存储器中可以同时装入多个程序，每个程序有一个程序号，其检索方法如下。

（1）选择 MEM 或编辑方式

1）按〈PROGRAM〉键。

2）按地址键〈O〉，接着输入欲选的程序号数值。

3）按〈CURSOR〉键，则画面为被选中程序名的程序头。

（2）选择 MDI 或编辑方式

1）按〈PROGRAM〉键。

2）按地址键〈O〉，接着按〈CAN〉键和〈CURSOR↓〉键，则画面变到下一个程序。如果在编辑方式下按住〈CURSOR↓〉键不放，则各个程序组被逐个显示，到最后一个程序后，显示降回到第一个程序。

4. 程序的删除

机床操作面板上有一个存储器保护钥匙开关，当输入、编辑、修改程序时，需将钥匙开关置于"ON"位置。进行其他操作时，将此开关置于"OFF"位置。

（1）删除一个程序

1）打开钥匙开关。

2）选择编辑方式。

3）按〈PROGRAM〉键。

4）按地址键〈O〉和要删除的程序号数值。

5）按〈DELET〉键，键入程序号的程序被删除。

（2）删除存储器中的全部程序

1）打开钥匙开关。

2）选择编辑方式。

3）按〈PROGRAM〉键。

4）输入数据：地址 O、数据 -9999。

5）按〈DELET〉键，存储器内所有程序被删除。

5. 原存储程序的修改

变更已存入存储器中的程序内容，编辑工作以字为单位，每个字由地址和数据组成时，编辑步骤如下：

1）选择编辑方式。

2）按〈PROGRAM〉键。

3）按地址键〈O〉和程序号数值，再按〈CURSOR〉键，选出准备编辑的程序组。

4）检索出准备变动的程序段的字，有以下三种方法：

① 字扫描：〈CURSOR↑〉或〈CURSOR↓〉键，光标以一个字为单位往后（下）或往前（上）移动。按住〈CURSOR〉键不放，则光标连续移动。按〈PAGE↓〉或（PAGE↑）键，变更画面，光标在每一页的第一个字上。按住〈PAGE〉键不放，则光标连续移动。通过〈PAGE〉键和〈CURSOR〉键，对每一个字进行扫描，直到找到需要更改的字为止。

② 字检索：用于检索程序前进方向的字，例如要检索 S0009 这个字，输入 S0009；按〈CURSOR↓〉键，则光标不停移动，直到在检索方向第一次遇到的 S0009 中的 S 字母时才停止。

③ 地址检索：用于检索程序前进方向第一次遇到的指定地址。例如要检索出前进方向的第一次遇到的 M 地址，其操作步骤如下：

a. 按地址键〈M〉，然后再按〈CAN〉键。

b. 按〈CURSOR↓〉键，则光标不停移动，直到地址 M 下面为止。字和地址的检索都不能用〈CURSOR↑〉键，若要使光标回到程序头上，按〈RESET〉键即可。

5）变更字。检索出要变更的字，输入新字地址和数字，然后按〈ALTER〉键即可。插入和变更字符不仅可以输入一个字，还可以输入几个字或一个字符串。例如输入新字为 T11 M06，则此两个字可以在一次中插入或取代原来的一个字。

6）删除字。检索出要被删除的字，按 DELET 键即可。若要删除从光标开始到"；"为止的几个字，则按〈EOB〉键，然后按〈DELET〉键即可。

7）删除程序段。删除从光标指示的字起到指定了顺序号的程序段。其操作步骤如下：

① 键入要被删除的最后一个程序段的顺序号地址 N 和数字。

② 按〈DELET〉键即可。

8）存储器的再安排。经过编辑后，被储存的内容在存储器中被安排得分散，占有过多的存储区，因此需要再安排存储区。按〈CAN〉键，然后再按〈ORIGIN〉键，存储区进行再安排，在画面左下方显示存储器还可以接受字符的数量，并同时将全部存入的程序号显示出来。

五、对刀及刀具补偿

对刀，即是为了找正工件坐标系的原点，建立工件坐标系。

1. 分中棒的基本结构

用实物让学生对分中的基本结构、原理有所理解。

2. 分中对刀原理

（1）目的　找正编程坐标系的原点。

（2）原理　如图 1-21 所示，分中棒找正 X、Y 轴的工件中心，一般来说，为了计算方

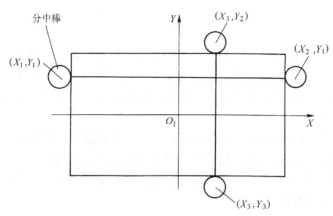

图1-21　分中对刀原理图

便，通常都是用再定位功能，即 CRT 屏幕上的再定位坐标。通过工件在 X、Y 方向的两边界的坐标，求出工件中心的坐标值。

3. 对刀步骤（以 SIEMENS 802S 系统数控铣床为例）

1）安装分中棒。

2）用 MDI 方式将主轴旋转，在工件上方将分中棒快速移至点 1（X_1，Y_1）的左方，Z轴下刀至一适当深度，用手动方式移至工件侧面附近，再换成 VAR 增量方式，采取点动，将分中棒与工件侧面接触，机床坐标为（X_1，Y_1）。

3）用手动提刀，Z 轴移至工件上方，按下复位键，此时 X 轴向的再定位值为 0。

4）用 MDI 方式使主轴旋转，在工件上方将分中棒快速移至点 2（X_2，Y_1）的左方，Z轴下刀至一适当深度，用手动方式移至工件侧面附近，再换成 VAR 增量方式，采取点动，将分中棒与工件侧面接触，机床坐标为（X_2，Y_1）。

5）用手动提刀，Z 轴移至工件上方，此时 X 轴向的再定位值为 X_{11}；则工件 X 向的中心坐标值应为（$0 + X_{11}$）/2，所以，只要手动移动至该坐标即可，将该值存至零点偏置 G54 ~ G57 中。

6）同理，可找正 Y 轴工件中心。

7）Z 轴对刀需换加工所需的刀具来找正，并将值存入零点偏置 G54 ~ G57 中。

在实际加工操作过程中，由于工件坐标系的原点并不是固定选择在工件中心，此时需要根据实际情况，利用分中棒来找正工件坐标系原点。

对完刀后，需将零点偏置值及刀具的半径、长度补偿值及刀具的磨损值按照加工的需要有目的地输入机床内。由于这些参数直接影响到加工的结果，甚至对加工的安全性影响极大，因此希望操作者能慎重对待。各系统的操作界面都有各自特点，这里不再详细说明。

六、加工程序校验

加工程序编制完成，并不等于程序编制工作的结束。该程序必须得到编制无误的可靠信息后，才能进行加工等下步工作。但这种信息的获得，涉及若干方面，稍有不慎，将会造成加工中的返修或报废损失。如校验工作不仔细，还可能造成多次编程返工等。

校验程序的方法，应根据程序校验内容的需要合理地选择。其校验方法分为两项：

1. 单项校验

单项校验包括指令代码校验、计算数值校验、程序段格式校验、自动补偿值校验、单段运行校验等。

2. 综合校验

综合校验，包括空运行显示校验、动态模拟显示校验、试切校验等。

在实际校验工作中，有时往往需要反复交叉进行，以分别利用各种方法的优势。在经过各项必需的程序校验后，根据获得的程序信息，修改所编制的程序，直到程序无误为止。

七、自动加工

当前面所述各项步骤都完成后，若加工的试切工件合格，即可进行自动加工。

自动加工方式，就是数控系统根据程序员编制的工件加工程序，自动控制机床对工件进行加工的工作方式。在实际加工过程之前，数控系统必须做好必要的准备工作，包括：

1）将刀具移动到合适的位置。

2）将加工程序输入到数控系统中。

3）检查和输入程序原点偏置、刀具半径和刀具长度。

在自动加工方式中，为了处理一个加工程序，数控系统按顺序逐段调用加工程序进行设计计算，计算过程中参考了所有相关的偏置。现代 CNC 系统一般均为多任务数控系统，当一个加工程序正在执行时，另一个加工程序可同时输入到 CNC 系统

◇◇◇　第四节　数控机床的电气驱动系统

现代数控机床绝大部分都是由电动机驱动的，驱动电动机及其控制单元的性能直接影响到机床的工作性能。数控机床的电气驱动系统主要包括进给驱动和主轴驱动，进给驱动电动机主要有步进电动机、直流伺服电动机和交流伺服电动机三种类型。主轴驱动电动机主要有直流电动机和交流电动机。各种驱动电动机都有相对应的控制装置。数控机床技术水平的提高，首先依赖于驱动技术水平的提高。数控机床对进给驱动系统的要求如下。

1. 承载能力强

机床伺服驱动主轴和进给机构都应该具有较强的承载能力，以满足加工的基本要求，减小因切削力、摩擦力和惯性力等非恒定载荷带来的影响。

2. 调速范围宽

为了适应不同的加工条件，如工件的材料、结构、部位、尺寸及刀具与冷却等各因素的影响，以获得最好的加工状态，要求其调速范围较宽。

3. 控制精度高

要实现加工的高精度，伺服系统就必须具备较高的控制精度。该要求一方面体现在定位准确，其定位误差特别是重复定位误差应较小；另一方面要求系统的分辨力应较高。

4. 响应快

跟踪速度是指伺服系统的快速响应性能，即机床工作台跟随指令脉冲的跟随误差要小。

5. 系统的工作应有很高的稳定性和可靠性

数控机床对主轴驱动的要求较进给驱动有所区别。对普通数控机床而言，对主轴的控制主要是控制其转速，控制单元实际就是一种调速系统。如果是加工中心或车削中心，则和进给驱动要求相同，即伺服主轴。所以，下面主要对进给驱动，即进给伺服系统的分类及工作原理进行简单介绍。

一、进给伺服系统的主要功能

进给伺服系统是机床数控系统的一个重要组成部分。从计算机数控装置发来的指令，无论是数字量，还是经数模转换成为模拟量，都是弱电信号。这些信息指令，必须通过控制处理、功率放大后才能用来控制伺服电动机驱动机床工作台或刀架等执行机构，实现加工程序要求的运动。伺服系统的主要作用是根据计算机数控系统的指令信息，加以变换处理、功率放大，从而不仅控制机床运动部件的速度，而且精确控制其位置和一系列位置所形成的轨迹。

二、伺服系统分类及其工作原理

数控机床的进给伺服系统，按其有无位置反馈装置，可分为开环伺服系统、全闭环伺服系统和半闭环伺服系统三类。

1. 全闭环伺服系统

这类系统带有位置检测装置，能够直接对工作台的位移量进行检测，其原理如图1-22所示。当数控系统发出位移指令脉冲，经伺服电动机和机械传动装置使机床工作台移动时，安装在工作台上的位置检测元件把工作台的位移量转换为电信号，反馈到CNC装置与给定信号相比较，得到的差值经过变换处理和放大，最后驱动工作台向减少误差的方向移动，直到差值等于零时为止。

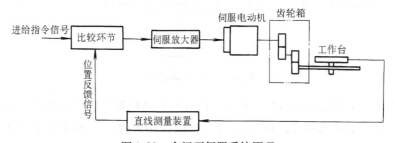

图1-22 全闭环伺服系统原理

这类伺服系统，因为把机床工作台纳入了位置控制环，故称为全闭环控制系统。这种系统可以消除包括工作台传动链在内的误差，因而定位精度高，调节速度快，但由于本系统受进给丝杠的扭转刚度、摩擦阻尼特性和间隙等非线性因素的影响，给调试工作造成很大的困难，而且系统复杂、成本较高，故适用精度要求很高的数控机床。如加工中心、数控镗铣床、数控超精车床、数控超精铣床等。

2. 半闭环伺服系统

大多数控机床采用的是半闭环伺服系统，这类驱动系统用安装在进给丝杠轴端或伺服电动机轴端的角位移测量元件（如旋转变压器、脉冲编码器、圆光栅等）来代替安装在机床工作台上的直线测量元件，用测量丝杠或电动机轴旋转角位移来代替测量工作台直线位移，其原理示意图如图1-23所示。

因为这种系统未将丝杠螺母副、齿轮传动副等传动装置包含在闭环反馈系统中，因而称为半闭环控制系统。它不能补偿由丝杠等传动装置所带来的误差。半闭环系统的控制精度没有闭环系统高，调试却相对方便，因而在标准型数控机床上得到了广泛的应用。

3. 开环伺服系统

这是一种没有位置反馈环节的驱动系统。数控系统将工件的程序处理后，输出指令脉冲

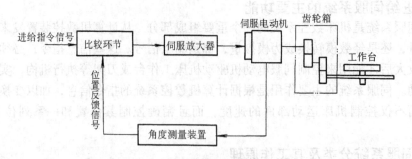

图 1-23　半闭环伺服系统原理示意图

给伺服系统,驱动机床运动,没有来自位置传感器的反馈信号。最典型的系统就是采用步进电动机的伺服系统,如图 1-24 所示。它一般由环形分配器、功率放大器、步进电动机组成。数控系统每发出一个指令脉冲,经驱动电路功率放大后,驱动步进电动机旋转一个固定角度(即步距角),再经传动机构带动工作台移动。这类控制系统的信息流是单向的,即进给脉冲发出去后,工作台的实际移动值不再反馈回来,所以称为开环控制系统 。

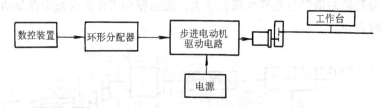

图 1-24　开环伺服系统

开环伺服系统由于没有位置反馈环节,因此具有结构简单、系统稳定、容易调试和成本较低等优点。缺点是系统没有误差补偿,精度较低。这种系统一般适用于经济型数控机床和旧机床的改造。

◇◇◇ 第五节　数控机床的检测装置

数控系统要准确、可靠地对机床进行控制,就必须对机床的各个运动,包括工作台的位置、伺服电动机转角、刀架位置及主轴准停位置等进行精确的实时检测,并将此应答信号反馈回 CNC 装置进行处理并做出相应的动作。因此,检测装置是数控系统完成其功能的重要组成部分,其精度对数控机床的定位精度、加工精度及可靠性均有很大影响。

一、数控机床对位置检测元器件的要求
数控机床对其位置检测元器件的主要要求有:
1) 高的可靠性和高的抗干扰能力。
2) 满足精度与速度要求。
3) 成本低,寿命长。
4) 便于与数控系统连接和调试。

二、检测元器件的类型
数控机床上位置检测的主要内容为长度、角度、位移及角位移等。所以,可以将检测元

件分为两大类：直线型和回转型。常用的直线型检测元件有感应同步器、直线光栅和磁尺等；常用的回转型检测元件有旋转变压器、测速发电机、圆光栅、光电编码盘等。按照传感器输出信号的类型分类，位置检测元器件又可以分为模拟式和数字式两大类。

三、常用的位置检测元器件介绍

1. 脉冲编码器

脉冲编码器是一种旋转式的脉冲发生器，又称为角度数字编码器。它具有精度高，结构紧凑、工作可靠等优点，是精密数字控制和伺服系统中常用的角位移数字式检测元器件。脉冲发生器有两种类型：增量式和绝对式。这里主要介绍增量式脉冲编码器的工作原理。

增量式脉冲编码器的结构最为简单，应用也很广泛。直接使用增量式角度脉冲编码器进行测量，其转换精度并不高，通常可采用电子细分来提高它的精度。

增量式脉冲编码器的原理如图 1-25 所示。在一个码盘的边沿上刻有相等角度的缝隙（分为透光和不透光部分），在开缝码盘的两边分别安装光源及光敏元件，由于码盘与要检测的工作轴同轴相联，因此当码盘转动时，每转过一个缝隙就会产生一次光线的明暗变化，这些明暗变化的光线就会使光敏元件产生一组脉冲信号，

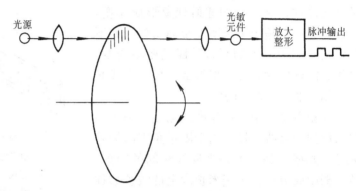

图 1-25　增量式脉冲编码器的原理

这些脉冲信号经整形放大，即可得到一定幅值和功率的电脉冲输出信号，其脉冲数就等于转过的缝隙数。增量式脉冲编码器如果将上述脉冲信号送到计数器中计数，从测得的数码数就能知道码盘转过的角度。

2. 感应同步器

感应同步器可测量直线位移和角位移。感应同步器又称为精密位移传感器，用于测量直线位移和角位移。由于它具有检测精度高、成本低、工作性能可靠、维护方便等一系列优点，所以在高中档的数控机床上获得了广泛应用。

感应同步器分为两类：用于测量直线位移的称为直线感应同步器，用于测量角位移的称为圆感应同步器。两者的结构和工作原理基本相同。在数控机床上常采用直线感应同步器，图 1-26 为直线感应同步器原理示意图。

直线感应同步器主要由定尺和滑尺两大部分组成。图中 1 为定尺，12 为滑尺。定尺上面是一组连续的绕组，而滑尺上的绕组是两个独立的正弦绕组和余弦绕组。安装时，一般定尺安装在机床的固定部件（床鞍、主

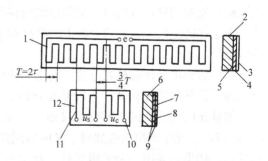

图 1-26　直线感应同步器原理示意图

1—定尺　2、6—基板　3—耐切削液涂层

4、8—铜箔　5、9—绝缘胶粘剂　7—铝箔

10—余弦励磁绕组　11—正弦励磁绕组　12—滑尺

轴箱、工作台或刀架）上。当在滑尺的绕组上加交流励磁电压时，定尺上的连续绕组就会有感应电压产生。感应电压的幅值和相位与励磁电压有关，也与滑尺的相对位移有关。当滑尺上的正弦绕组和定尺上的绕组做相对运动时，在定尺上也会产生随着滑尺相对于定尺的移动而周期性变化的感应电动势。将滑尺绕组上的这种感应电动势经 D/A 转换和细分处理后作为数字量输出，这个数字量信号就代表着工作台的位移量。

3. 光栅

光栅属于光学元件，是一种高精度的位移传感器。如果与数显表配合使用，可组成数显测量系统，实现位移量的数字显示。

光栅有透射光栅和反射光栅两类。透射光栅是在透明的光学玻璃板上刻制平行等距的密集线纹，利用光的透射现象形成光栅。反射光栅一般是用不透明的金属材料，如不锈钢板或铝板上刻制平行等距的密集线纹，利用光的全反射或漫反射形成光栅。直线光栅的结构如图 1-27 所示。

光栅主要用于测量长度或角度。用于测量长度的为直线光栅，用于测量角度的为圆光栅。光栅上相邻两条光栅线纹间的距离，称为栅距或节距。每毫米长度上的线纹数称为线纹密度。刻线线纹的截面形状一般为矩形、三角形或锯齿形。

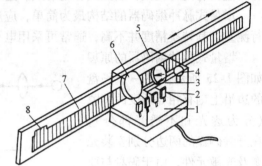

图 1-27 直线光栅的结构
1—电子部件 2—光电管 3—光学透镜
4—灯泡 5—外壳 6—玻璃扫描分划板
7—带光栅的钢直尺 8—零位参考脉冲

光栅检测装置由光源、标尺光栅、指示光栅和光电转换器（读数头）等组成。一般标尺光栅固定在机床的运动部件上。两光栅的线纹密度相同，安装时两光栅互相平行，相互间保持 0.05～0.1mm 的间隙，两光栅上的刻线要相互倾斜一个很小的角度 θ。工作时，由光源（如红外线发光二极管）发出的光，经透镜变成平行光后垂直照射在标尺光栅上，由于光的衍射干涉作用，就会在与线纹几乎垂直的方向上产生明暗交替、间隔相等的粗大条纹，该条纹称为莫尔条纹。两条莫尔条纹间的距离称为纹距 W，当标尺光栅移动时，莫尔条纹将沿垂直于运动方向移动，每当标尺光栅移动一个栅距 ω 时，莫尔条纹正好移动一个纹距 W。当改变标尺光栅的移动方向时，莫尔条纹的移动方向也跟着改变，照射光栅后产生的明暗相间的干涉条纹的光线，再经遮光板上的狭缝和透镜，由光电元件接受，即可得到与位移成比例的电信号。

常用的光电元件有硅光电池。它是一种能随光照强度变化而产生大小不同的光电流的光电元件。当莫尔条纹移动产生明暗变化时，硅光电池便产生光电流。莫尔条纹在移动过程中，使硅光电池受光区由明变暗又由暗变明，这一周期变化相当于标尺光栅移动一个栅距 ω。相应地，光电流也由强到弱、又由弱到强地变化一个周期，标尺光栅的运动方向有正向和反向，如果只采用一个光电元件，那么它只能进行光电转换，并不能判别光栅的运动方向。因此，一般应采用两个光电元件，根据这两个光电元件输出的一对相位差 90° 的正交脉冲信号的超前或滞后来判别光栅的移动方向。

除上面介绍的几种检测元件外，应用在数控机床上还有旋转变压器、霍尔元件等检测元件，这里就不再一一介绍了。

复习思考题

1. 简述数控及数控机床的定义。
2. 画出数控机床的组成框图并简述各组成部分的功能。
3. 什么叫数控加工中心？数控加工中心在加工工艺和组成上各有何特点？
4. 数控加工有何特点？数控机床适合加工何种工件？
5. 试说明数控系统在数控机床中的地位。数控系统是如何分类的？
6. 简述闭环伺服系统的组成及其工作原理。步进驱动系统有何特点？
7. 检测系统在数控机床上有何意义？常用的检测元件有哪些？各有何特点？

第二章

数控机床的结构

数控机床的机械结构与普通机床相比，其传动系统更为简单，但机床的静态和动态刚度要求更高，传动装置的间隙及滑动面的摩擦因数都要尽可能小，以适应对数控机床高定位精度和良好的控制性能的要求。数控机床除主运动系统、进给系统以及辅助部分，如液压、气动、冷却和润滑部分等一般部件外，还有些特殊部件，如刀库、自动换刀装置（ATC）、自动托盘交换装置等。

◇◇◇ 第一节　典型数控机床

一、数控车床

1. 分类

数控车床可分为卧式和立式两大类。卧式车床又有水平导轨和倾斜导轨两种。档次较高的数控卧式车床一般都采用倾斜导轨。按刀架数量分，又分为单刀架数控车床和双刀架数控车床，前者是两坐标控制，后者是四坐标控制。双刀架卧式车床多数采用倾斜导轨。

2. 结构特点

与普通卧式车床相比，数控车床有着许多独特的结构特点。由于数控车床刀架的两个方向运动分别由两台伺服电动机驱动，所以它的传动链短，不必使用交换齿轮、光杠等传动部件。伺服电动机可以直接与丝杠联接带动工作台运动，也可以用同步带联接。多功能数控车床采用直流或交流主轴单元驱动主轴无级变速，因此数控车床的结构特点之一是主轴箱内的结构比传统车床简单得多；另一个结构特点是刚性好，这是为了与控制系统的高精度控制相匹配，以便适应高精度的加工；第三个结构特点是拖动灵敏，刀架移动一般采用滚珠丝杠副，滚珠丝杠两端安装的滚动轴承是专用轴承。为了拖动轻便，数控车床的润滑都比较充分，大部分采用油雾自动润滑。另外，高档次的数控车床对机床导轨也有着特殊的要求。一般还配有自动排屑装置、液压动力卡盘和气动防护门等。

3. TND360 型数控车床的结构

TND360 型数控车床是一种典型的标准型数控机床（图 2-1），在机械机构上很具有代表性。下面分别从主轴部件、进给系统、刀架、尾座等方面对该机床的结构特点进行简单的介绍。

1）TND360 数控车床主轴由直流伺服电动机驱动，主轴上有 2 个齿数不同的齿轮，通过这 2 个齿轮，可使主轴的转速处于高速段或低速段，从而使该主轴的转速范围得以扩展。主轴上卡盘的工件夹紧与松开动作均由液压控制。由拨叉带动滑移齿轮啮合，该拨叉与一液压缸活塞相连，通过液压缸中活塞的动作来实现拨叉的运动。在主轴上还配置有编码器，以检测主轴的转速。

2）TND360 数控车床进给轴的纵向及横向运动，由相应的高精度滚珠丝杠与进给伺服电动机相连，滚珠丝杠螺母连接工作台，丝杠旋转，拖动工作台作相应移动。

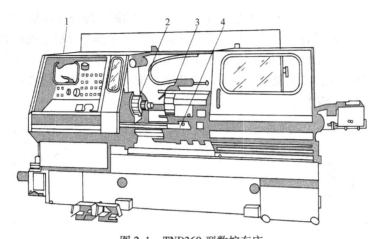

图 2-1　TND360 型数控车床

1—CRT 显示器　2—自动卡盘　3—自动回转刀架　4—工作台

3）TND360 数控车床在刀架需转位换刀时，由液压动力将刀盘推出，继而由电动机传递动力使刀架实现转位。刀架每次转位的角度由一个间隙分度机构控制。

4）TND360 数控车床的尾座由液压动力控制。工件装夹在自动卡盘 2 中，多工位的自动回转刀架 3 有 8 个装刀孔，可以安装 8 种刀具。

二、数控铣床

1. 数控铣床的分类

按主轴部件的角度，数控铣床一般可分为数控立式铣床、数控卧式铣床和数控立、卧转换铣床。按照数控系统控制的坐标轴数量，又可分为两轴半联动铣床、三轴联动铣床、四轴联动及五轴联动铣床等。

（1）数控立式铣床　数控立式铣床是数控铣床中数量最多的一种，应用范围也最为广泛。小型数控铣床一般都采用工作台移动、升降及主轴不动方式，与普通立式升降台铣床结构相似；中型数控立铣床一般采用纵向和横向工作台移动方式，且主轴沿垂向溜板上下移动；大型数控立式铣床，因要考虑到扩大行程，缩小占地面积及刚性等技术问题，往往采用龙门架移动式，其主轴可以在龙门架的横向与垂向溜板上运动，而龙门架则沿床身作纵向运动。

从机床数控系统控制的坐标数量来看，目前三坐标数控立式铣床仍占大多数。一般可进行三坐标联动加工，但也有部分机床只能进行三坐标中的任意二个坐标联动加工，称为两轴半加工。此外，还有机床主轴可以绕 X、Y、Z 坐标轴中一个或两个坐标轴作数控摆角运动的四坐标和五坐标数控立式铣床，如五坐标龙门式数控铣床（图 2-2）。一般来说，机床控制的坐标轴越多，特别是要求联动的坐标轴越多，机床的功能、加工范围及可选择的加工对象也越多。但随之而来的是机床的结构更复杂，对数控系统的要求更高，编程的难度更大，设备的价格也更高。

数控立式铣床，可以附加数控回转工作台、增加靠模装置等来扩展数控立式铣床的功能、加工范围和加工对象，进一步提高生产率。

（2）数控卧式铣床　与通用卧式铣床相同，数控卧式铣床的主轴轴线平行于水平面。为了扩大加工范围和扩充功能，卧式数控铣床通常采用增加数控转盘或万能数控转盘来实现

四、五坐标加工。（图2-3）。这样不但工件侧面上的连续回转轮廓可以加工出来，而且可以实现在一次安装中，通过转盘改变工位，进行四面加工。尤其是万能数控转盘，可以把工件上各种不同角度或空间角度的加工面摆成水平面来加工，可以省去许多专用夹具或专用角度成形铣刀。对箱体类工件或需要在一次安装中改变工位的工件来说，选择带数控转盘的卧式铣床进行加工是非常合适的。

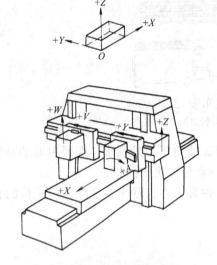

图2-2 数控龙门五坐标铣床

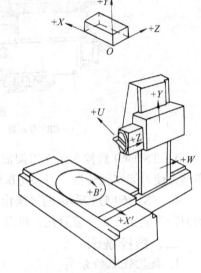

图2-3 卧式数控铣床

（3）立、卧两用数控铣床 立、卧两用数控铣床主轴的方向可以更换，能达到在一台机床上既可以进行立式加工，又可以进行卧式加工，其使用范围更广，功能更全，选择加工的对象和余地更大，给用户带来了很多方便，特别是当生产批量小，品种较多，又需要立、卧两种方式加工时，用户只需买一台这样的机床就行了。图2-4所示为立、卧两用数控铣床的使用状态。

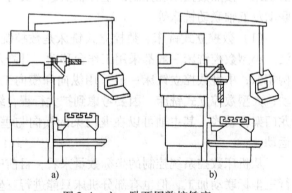

图2-4 立、卧两用数控铣床
a）卧式加工状态 b）立式加工状态

立、卧两用数控铣床的主轴方向的更换有手动与自动两种，采用数控万能主轴头的立、卧两用数控铣床，其主轴头可以任意转换方向，可以加工出与水平面呈各种不同角度的工件表面。当立、卧两用数控铣床增加数控转盘后，就可以实现对工件的五面加工，即除了工件与转盘贴合的定位面外，其他表面都可以在一次装夹中进行加工。

2. 数控铣床的结构特征

1）数控铣床的主轴开启与停止，主轴正反转与主轴变速等都可以按程序自动执行。主轴套筒内一般都设有自动拉、退刀装置，能在数秒内完成装刀与卸刀，换刀比较方便。此外，多坐标数控铣床的主轴可以绕 X、Y 或 Z 轴作数控摆动，扩大了主轴自身的运动范围，但是主轴结构更加复杂。

2）为了要把工件上各种复杂的形状轮廓连续加工出来，必须控制刀具沿设定的直线、圆弧或空间的直线、圆弧轨迹运动，因此要求数控铣床的伺服系统能在多坐标方向同时协调动作，并保持预定的相互关系，这就要求机床应能实现多坐标联动。

数控铣床要控制的坐标数最少是坐标轴中任意两坐标联动。要实现连续加工直线变斜角工件，应实现四坐标联动。若要加工曲线变斜角工件，则要求实现五坐标联动。因此，数控铣床所配置的数控系统档次一般都比其他数控机床相应更高一些。

三、加工中心

1. 加工中心分类

加工中心按工艺用途可分为车削加工中心和镗铣加工中心等。

车削加工中心主要指带动力刀具和 C 轴功能的全功能数控车床（有的车削加工中心为五轴两动，即具有 Y 轴）。车削加工中心一次装夹可实现车削和铣削加工，有很强的加工能力。车削加工中心的结构特点和普通数控车床相比，除 C 轴功能和动力刀具这一特点外没有大的区别，因此下面重点对镗铣加工中心进行介绍。

常按主轴在空间所处的状态，镗铣加工中心分为立式加工中心和卧式加工中心。其主轴在空间处于垂直状态的，称为立式加工中心；其主轴在空间处于水平状态的，称为卧式加工中心；其主轴可作垂向和水平转换的，称为立卧式加工中心或复合加工中心。按加工中心运动坐标数和同时控制的坐标数，可分为两轴半联动、三轴三联动、四轴三联动、五轴四联动、六轴五联动等。按工作台数量和功能，分为单工作台加工中心、双工作台加工中心和多工作台加工中心。

2. 加工中心的结构特点

加工中心的主机部分包括床身、主轴箱、工作台、底座、立柱、横梁、进给机构、刀库、换刀机构、辅助系统（气液、润滑、冷却）等。其结构特点是：

1）机床的刚度高、抗震性好。

2）机床的传动系统结构简单，传递精度高，速度快。其传动装置主要有：滚珠丝杠副、静压蜗杆副、预加载荷双齿轮-齿条。它们由伺服电动机直接驱动，进给速度快，一般速度可达 20m/min，最高可达 100m/min 以上）。

3）主轴系统结构简单，无齿轮箱变速系统（也有保留 1~2 级齿轮传动的）。目前基本都采用全数字交流伺服主轴，其转速可达每分钟数万转，功率大，调速范围宽，定位精度高。

4）导轨采用耐磨材料和新结构，能长期保持高精度。在高速重切削下，能保证运动部件不振动；低速进给时不爬行以及运动的高灵敏度。

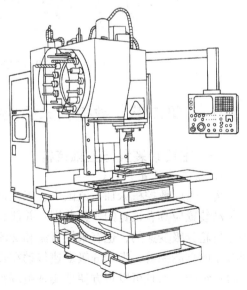

图 2-5 JCS-018 型立式镗铣加工中心外形图

3. 典型的镗铣加工中心简介

如 JCS-018 型立式镗铣加工中心, 工件一次装夹后, 可自动连续完成铣、钻、镗、铰、锪、攻螺纹等多种加工工序。该机床适用于小型板类、盘类、壳具类、模具类等复杂工件的多品种小批量加工。这类机床适用于中小批量生产的机械加工部门使用, 可以节省大量工艺设备, 缩短生产准备周期, 确保工件加工质量, 提高生产率。图 2-5 是 JCS-018 型立式镗铣加工中心外形图。

从图 2-6 中可看出: X 轴伺服电动机可完成左右运动, Z 轴与 Y 轴伺服电动机, 分别可完成上、下进给运动和前、后进给运动。X、Y、Z 三轴伺服电动机都由数控系统控制, 可单独或联动。从图中还可以看出, 主轴电动机是用来完成主轴运动的, 动力从主轴电动机经两对交换带轮传到主轴。机床主轴无齿轮传动, 使主轴转动时噪声低, 振动小, 热变形小。机床床身上固定有各种器件, 其中运动部件有滑座, 它可由 Y 轴伺服电动机带动, 滑座上的工作台可由 X 轴伺服电动机带动, 主轴箱在立柱上可由 Z 轴伺服电动机带动上、下移动。此机床有刀库, 可装各类钻、铣类刀具并自动换刀。

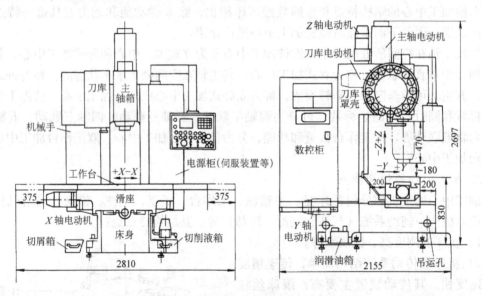

图 2-6 JCS-018 型立式镗铣加工中心结构示意图

◇◇◇ 第二节 数控机床的典型结构

一、主传动装置与主轴结构

1. 主传动装置

为了适应数控机床加工范围广、工艺适应性强、加工精度和自动化程度高等特点, 要求主传动装置应具有很宽的变速范围, 并能无级变速。目前, 数控机床的主传动变速系统, 有采用齿轮分级变速的, 也有采用直流和交流调速电动机无级变速的。但随着全数字化交流调速技术的日趋完善, 齿轮分级变速传动在逐渐减少, 采用交流调速电动机, 不仅可以大大简化机械结构, 而且可以很方便地实现范围很宽的无级变速, 还可以按照控制指令连续地进行变速, 以便在大型数控车床上车削端面、圆锥面等特征面时, 实现恒线速切削, 进一步提高机床的工作性能。采用调速电动机的主传动变速系统，通常有如下三种配置方式：

第一种是电动机通过齿轮变速机构传动主轴，变速级数一般为 2 ~ 4 级，此时主轴可实现分段无级变速。由于通过齿轮传动降速后，输出转矩可以扩大，因此大、中型数控机床一般都采用这种传动方式。一部分小型数控机床，为了获得强力切削所需的转矩，往往也采用这种传动方式。

第二种是电动机通过带传动主轴，由于输出转矩较小，主要用于小型数控机床。

第三种是由电动机直接驱动主轴，即电动机的转子直接装在主轴上。由于主轴输出转矩小，电动机的发热对主轴精度影响较大。近年来，多采用交流伺服电动机，它的功率一般都很大，而且输出功率与实际消耗的功率又保持同步，不存在浪费电力的情况，因此工作效率很高。采用齿轮分级变速的主传动变速系统，常用的有液压拨叉变速和电磁离合器变速两种方式。

2. 主轴结构

数控机床的主轴部件，既要满足精加工时精度较高的要求，又要具备粗加工时高效切削的能力，因此在旋转精度、刚度、抗震性和热变形等方面，都有很高的要求。在布局结构方面，一般数控机床的主轴部件与其他高效、精密自动化机床没有多大区别，但对于具有自动换刀功能的数控车床，其主轴部件除主轴、主轴轴承和传动件等一般组成部分外，还有刀具自动夹紧、主轴自动准停和主轴装刀孔吹净等装置。

主轴轴承的配置方式：一般有三种，如图 2-7 所示。

1）前支承采用双列短圆柱滚子轴承和 60° 角接触双列向心推力球轴承组合，后支承采用向心推力球轴承（图 2-7a），此配置形式使主轴的综合刚度大幅度提高。可以满足强力切削的要求，因此普遍应用于各类数控机床的主轴。

2）前轴承采用高精度双列向心推力球轴承（图 2-7b），向心推力球轴承具有良好的高速性能，主轴最高转速可达 4000r/min 以上，但它的承载能力小，因而适用于高速、轻载和精密的数控机床的主轴。

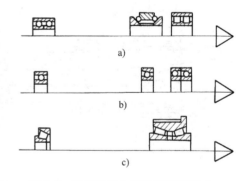

图 2-7 数控机床主轴轴承配置形式

3）双列和单列圆锥滚子轴承如图 2-7c 所示，这种轴承受径向力和轴向力高，能承受重载荷尤其能承受较强的动载荷，安装与调整性能好。但是这种配置方式限制了主轴最高转速和精度，因此适用于中等精度、低速与重载的数控机床主轴。

在主轴的结构上要处理好卡盘或刀具的装夹、主轴的卸荷、主轴轴承的定位和间隔调整、主轴部件的润滑和密封以及工艺上的一系列问题。为了尽可能减少主轴部件温升引起的热变形对机床工作精度的影响，通常用润滑油的循环系统把主轴部件的热量带走，使主轴部件与箱体保持恒定的温度。在某些数控镗铣床上采用专门的制冷装置，能比较理想的实现温度控制。

近年来，某些数控机床主轴采用高级油脂，用封闭方式润滑，每加一次油脂可以使用七八年，为了使润滑油面和油脂不致混合，通常采用迷宫式密封。对于数控车床主轴，因为在它两端安装着结构笨重的动力卡盘和夹紧液压缸，主轴刚度必须进一步提高，并设计合理的联接端，以改善动力卡盘与主轴端部的联接刚度。对于数控镗铣床主轴，考虑到实现刀具的快速或自动装卸，主轴上还必须设计有刀具装卸、主轴准停和主轴孔内的切屑清除装置。

3. 主轴的自动装夹和切屑清除装置

在带有刀库的自动换刀数控机床中，为了实现刀具在主轴上的自动装卸，加工用的刀具通过各种标准刀夹（刀杆、刀柄和接刀杆等）安装在主轴上，如图2-8所示。刀柄的拉钉2被拉紧在锥孔中，夹紧刀夹时，液压缸上（右）腔回油，弹簧11推动活塞6上（右）移，处于图示位置，拉杆4在碟形弹簧5的作用下向上（右）移动；由于此时装在拉杆前端径向孔中的四个钢球12，进入主轴孔中直径较小的d_2处，如图2-8b所示，被迫径向收拢而卡进拉钉2的环形凹槽内，因而刀杆被拉杆拉紧，依靠摩擦力紧固在主轴上。切削转矩则由端面键13传递。换刀前需将刀夹松开，压力油进入液压缸上（右）腔，活塞6推动拉杆4向下（左）移动，碟形弹簧5被压缩；当钢球12随拉杆一起下（左）移至进入主轴孔直径较大的d_1处时，它就不再能约束拉钉的头部，紧接着拉杆前端内孔的台肩端面a碰到拉钉时，压缩空气管接头9经活塞和拉杆的中心通孔吹入主轴装刀孔内，把切屑或脏物清除干净，以保证刀具的安装精度。机械手把新刀装上主轴后，液压缸7接通回油，碟形弹簧5又拉紧刀夹。刀夹拉紧后，行程开关8发出信号。

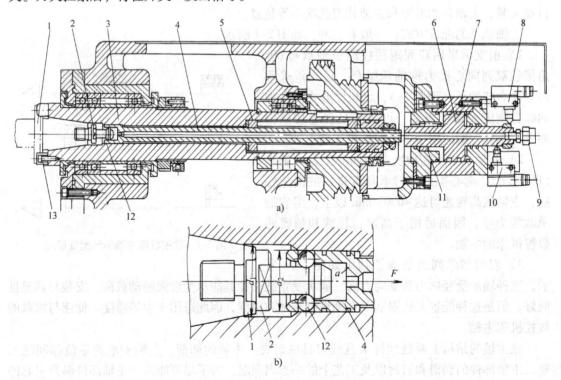

图2-8 主轴自动装夹和清屑装置

1—刀夹 2—拉钉 3—主轴 4—拉杆 5—碟形弹簧 6—活塞 7—液压缸 8、10—行程开关
9—压缩空气管接头 11—弹簧 12—钢球 13—端面键

自动清除主轴孔中的切屑和尘埃是换刀操作中的一个不容忽视的问题。如果在主轴锥孔中掉进了切屑或其他污物，在拉紧刀杆时，主轴锥孔表面和刀杆的锥柄就会被划伤，甚至使

刀杆发生偏斜，破坏了刀具的正确定位，影响了加工工件的精度，甚至使工件报废。为了保证主轴锥孔的清洁，常用压缩空气吹净切屑。图2-8的活塞6的心部钻有压缩空气通道，当活塞向左移动时，压缩空气从喷气小孔吹出，将锥孔清理干净。喷气小孔要有合理的喷射角度并均匀分布，以提高吹屑效果。

4. 主轴准停装置

加工中心的主轴部件都设有准停装置，其作用是使主轴每次都准确地停在某一确定的位置，提高刀具的重复安装精度，从而可提高孔加工时孔径的一致性。图2-9为主轴准停装置的工作原理图。

在传动主轴旋转的多楔带轮1的端面上，安装有一个厚垫片4，垫片上安装有一个体积很小的永久磁铁3，在主轴箱箱体对应主轴准停的位置上安装有磁传感器2，当机床需要准停时，数控装置发出主轴停转的指令，主轴电动机立即降速，在主轴以最低转速慢转很少几转后，永久磁铁3对准磁传感器2时，后者发出准停信号。此信号经放大后，由定向电路控制主轴电动机准确地停在规定的周向位置上。这种装置可保证主轴准停的重复精度在 ±1°的范围内。

二、进给机构

数控机床进给传动装置的传动精度、灵敏度和稳定性，将直接影响工件的加工精度，因此常采用各种不同于普通机床的进给机构，以提高传动刚度，减少摩擦阻力和运动惯量，避免伺服机构滞后和反向死区等。例如，采用线性导轨（滚动导轨）、塑料导轨或静压导轨代替普通滑动导轨；用滚珠丝杠螺母机构代替普通的滑动丝杠螺母机构，以及采用可消除间隙的齿轮传动副和键联接等。

1. 滚珠丝杠螺母机构

在数控机床上，将回转运动转换为直线运动一般都采用滚珠丝杠螺母无间隙传动，传动刚度好，反向时无空程死区等特点。滚珠丝杠螺母机构如图2-10所示。

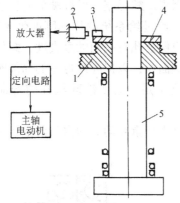

图2-9 主轴准停装置的工作原理图
1—多楔带轮 2—磁传感器
3—永久磁铁 4—垫片 5—主轴

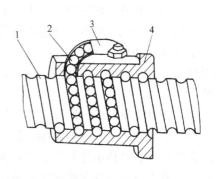

图2-10 滚珠丝杠螺母机构
1—丝杠 2—滚珠 3—回珠管 4—螺母

在丝杠1和螺母4上分别加工有圆弧，当螺母旋转时，丝杠的旋转面经滚珠推动螺母轴向移动，同时滚珠沿螺旋形滚道滚动，使丝杠和螺母之间的滑动摩擦转变为滚珠与丝杠、螺母之间的滚动摩擦。螺母螺旋槽的两端用回珠管3连接起来，使滚珠能够从一端重新回到另一端，构成一个闭合的循环回路。

由于滚珠丝杠具有传动效率高、运动平稳、寿命长以及可以预紧消除间隙并提高系统刚度等特点，除了大型数控机床因移动距离大而采用齿条或蜗轮条外，各类中、小型数控机床的直线运动进给系统普遍采用滚珠丝杠。

1）轴向间隙通常是指丝杠和螺母无相对运动时，丝杠螺母之间的最大轴向窜动，除了结构本身的游隙之外，在施加轴向载荷之后，还包括了弹性变形所造成的窜动。滚珠丝杠副通过预紧方法消除间隙时应考虑下列情况：预加载荷能够有效地减小弹性变形所带来的轴向移位，但过大的预加载荷将增加摩擦阻力，降低传动效率，并使寿命大为缩短。所以，一般要经过几次调整才能保证机床在最大轴向载荷下，既能消除间隙又能灵活运转。除少数用微量过盈滚珠的单螺母消除间隙外，常用双螺母消除间隙。常用的双螺母消除间隙的结构有三种，即双螺母齿差调隙式结构、双螺母垫片调隙式结构和双螺母螺纹调隙式结构。下面简要介绍双螺母齿差调隙式结构。

图2-11是双螺母齿差调隙式结构，在两个螺母的凸缘上各制有圆柱外齿轮，而且齿数差$z_2 - z_1 = 1$，两个内齿圈的齿数与外齿轮的齿数相同，并用螺钉和销钉固定在螺母座的两端。

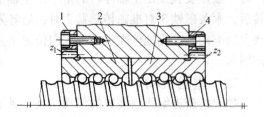

图2-11　双螺母齿差调隙式结构
1、4—内齿轮　2、3—单螺母

调整时，先将内齿圈取出，根据间隙的大小使两个螺母分别在相同方向转过一个齿或几个齿，使螺母在轴向上彼此移近了相应的距离。虽然齿差调隙式的结构较为复杂，但调整方便，并可以通过简单的计算获得精确的调整量，它是目前应用较广的一种调隙式结构。

2）数控机床的进给系统要获得较高的传动刚度，除了加强滚珠丝杠螺母本身刚度外，滚珠丝杠正确安装及其支承的结构刚度也是不可忽视的因素。螺母座、丝杠端部的轴承及其支承加工的不精确性和它们在受力之后的过量变形，都会给进给系统的传动刚度带来影响。因此，螺母座的孔与螺母之间必须保持良好的配合，并应保证孔对端面的垂直度，螺母座应当增加适当的肋板，并加大螺母座和机床结合部件的接触面积，以提高螺母座的局部刚度和接触刚度。滚珠丝杠的不正确安装以及支承结构的刚度不足，会使滚珠丝杠的寿命大为下降。

为了提高支承的轴向刚度，选择适当的滚珠轴承也是十分重要的。国内目前主要采用以下两种组合方式：一种是把深沟球轴承和圆锥滚子轴承组合使用，其结构虽然简单，但轴向刚度不足；另一种是把推力球轴承和角接触球轴承组合使用，其轴向刚度有了提高，但增大了轴承的摩擦阻力和发热量，而且增加了轴承支架的结构尺寸。国外出现一种滚珠丝杠专用轴承，其结构如图2-12所示。这是一种能够承受很大轴向力的特殊的角接触球轴承，与一般角接触球轴承相比，接触角增大到60°，增加了滚珠的数量并相应减小了滚珠的直径。这种新结构的轴

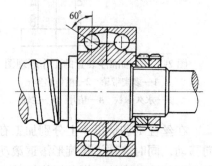

图2-12　滚珠丝杠专用轴承的结构

承比一般轴承的轴向刚度可提高两倍以上，而且使用方便。装配时，只要用螺母和端盖将内环和外环压紧，就能获得出厂时已经调好的预紧力。在支承的配置方面，对于行程短的短丝杠，可以采用悬臂的单支承结构。当滚珠丝杠较长时，为了防止热变形所造成丝杠伸长的影响，要求一端的轴承同时承受轴向力和径向力，而另一端的轴承只承受径向力，并能够作微量的轴向浮动。由于数控机床经常要连续工作很长时间，因而应特别重视摩擦热的影响。目前也有一种两端都用推力轴承固定的结构，在它的一端装有碟形弹簧和调整螺母，这样既能对滚珠丝杠施加预紧力，又能在补偿丝杠的热变形后保持近乎不变的预紧力。

2. 滚珠丝杠制动装置

由于滚珠丝杠副的传动效率高，无自锁作用（特别是滚珠丝杠处于垂向传动时）。图 2-13 所示为数控卧式铣镗床主轴箱滚珠丝杠制动装置示意图。当机床进给步进电动机接到运动指令脉冲后，将旋转运动通过液压转矩放大器及减速齿轮传动，带动滚珠丝杠副转换为主轴箱的立向（垂向）移动。当步进电动机停止转动时，电磁铁线圈也同时断电，在弹簧作用下摩擦离合器压紧，使得滚珠丝杠不能自由转动，主轴箱就不会因自重而下降了。超越离合器有时也用于滚珠丝杠制动装置。

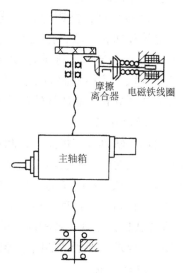

图 2-13 滚珠丝杠制动装置示意图

3. 滚珠丝杠保护装置

滚珠丝杠副也可采用润滑来提高耐磨性及传动效率。润滑剂可分为润滑油及润滑脂两大类。润滑脂加在螺纹滚道和安装螺母的壳体空间内，而润滑油则通过壳体上的油孔注入螺母空间内。

滚珠丝杠副和其他滚动摩擦的传动元件，只要避免磨料微粒及化学活性物质进入，就可以认为这些元件几乎是在不产生磨损的情况下工作的。但如果在滚道上落入了脏物，或使用不干净的润滑油，不仅会妨碍滚珠的正常运转，而且会使磨损急剧增加。对于制造误差和预紧变形量以微米计的滚珠丝杠传动副来说，这种磨损就特别敏感。因此，有效地防护密封和保持润滑油的清洁显得十分必要。

通常采用毛毡圈对螺母副进行密封，毛毡圈的厚度为螺距的 2～3 倍，而且内孔做成螺纹的形状，使之紧密地包住丝杠，并装入螺母或套筒两端的槽孔内。密封圈除了采用柔软的毛毡之外，还可以采用耐油橡胶或尼龙材料。由于密封圈和丝杠直接接触，因此防尘效果较好，但也增加了滚珠丝杠螺母副的摩擦阻力矩。为了避免这种摩擦阻力矩，可以采用硬质塑料制成的非接触式迷宫密封圈，内孔做成与丝杠螺纹滚道相反的形状，并留有一定间隙。

对于暴露在外面的丝杠，一般采用螺旋钢带、伸缩套筒、锥形套管以及折叠式塑料或人造革等形式的防护罩，以防止尘埃和磨粒黏附到丝杠表面上。这几种防护罩与导轨的防护罩有相似之处，一端连接在滚珠螺母的端面上，另一端固定在滚珠丝杠的支承座上。

4. 键联接间隙补偿机构

在数控机床进给传动装置中，齿轮等传动件与轴键的配合间隙如同齿侧间隙一样，也会影响工件的加工精度，需要将其清除。图 2-14a 为双键联接结构，用紧定螺钉顶紧以消除间隙。图 2-14b 为楔形销联接结构，用螺母拉紧楔形销以消除间隙。

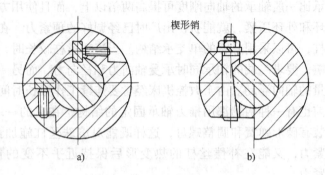

图 2-14　键联接间隙消除方法

三、机床导轨

按运动轨迹，机床导轨可分为直线导轨和回转导轨；按工作性质，可分为主运动导轨、进给运动导轨和调整导轨；按接触面的摩擦性质，可分为滑动导轨、静压导轨和滚动导轨等三类。

1. 滑动导轨

滑动导轨具有结构简单、制造方便、刚性好及抗震性高等优点，是机床最广泛使用的导轨形式。但对一般导轨而言，具有静摩擦因数大，动摩擦因数不稳定等缺点，低速时易出现爬行现象，从而影响了运动部件的定位精度。为了改善滑动导轨的摩擦特性，可通过选用合适的导轨材料、热处理及加工方法来达到。如采用优质铸铁、合金耐磨材料导轨等。20 世纪 70 年代以来出现了各种新型的工程塑料，它可以满足机床导轨低摩擦、耐磨、无爬行和高刚度的要求，即所谓的贴塑导轨。

2. 滚动导轨

滚动导轨是在导轨面之间放置滚珠、滚柱或滚针等滚动体，使导轨面之间为滚动摩擦而不是滑动摩擦。滚动导轨与滑动导轨相比，其优点是灵敏度高、摩擦阻力小、运动均匀，尤其是在低速时无爬行现象；定位精度高，重复定位精度可达 $0.2\mu m$；使用寿命较长。其缺点是抗震性较差，对防护的要求较高，而且结构复杂，制造较为困难，成本较高。图 2-15 所示为滚珠、滚柱结构形式的滚动导轨。

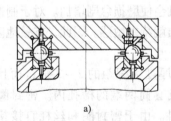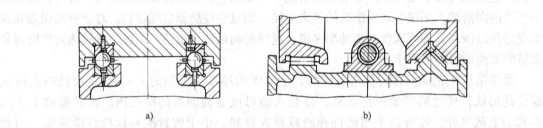

图 2-15　滚动导轨
a）滚珠导轨　b）滚柱导轨

3. 静压导轨

静压导轨是将具有一定压力的油液，经节流器输送到导轨面上的油腔中，形成承载油膜，将相互接触的导轨表面隔开，实现液体摩擦。这种导轨的摩擦因数小（一般为 0.005 ~ 0.001），机械效率高，能长期保持导轨的导向精度。承载油膜有良好的吸振性，低速下不易产生爬行，所以在机床上得到了日益广泛的应用。这种导轨的缺点是结构复杂，且需备置一套专门的供油系统。图 2-16 所示为开放式静压导轨工作原理示意图。

四、回转工作台

为了提高生产率，扩大工艺范围，数控机床除了 X、Y、Z 三个直线坐标轴的直线运动外，往往还有绕 X、Y、Z 直线坐标轴作回转运动的 A、B、C 旋转坐标轴。我们把具有旋转坐标轴的工作台，称为回转工作台或数控回转台。数控回转工作台主要用于镗铣加工为主的数控机床上。它的功用有两个：一是使工作台进行圆周进给运动；二是使工作台进行分度运动。它按照控制系统的指令，在需要时分别完成上述运动。数控回转工作台外形和通用机床的分度工作台十分相似，但内部结构却具有数控进给驱动机构的许多特点。

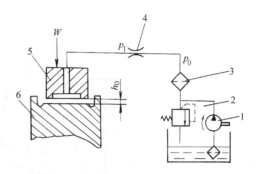

图 2-16　开放式静压导轨工作原理示意图
1—液压泵　2—溢流阀　3—过滤器
4—节流阀　5—床鞍　6—床身导轨

图 2-17 为一种典型的回转工作台结构。其工作原理如下：回转工作台的运动由电液脉冲马达通过减速齿轮（图中未示出）和蜗杆 1 传给蜗轮 2。为了消除蜗杆副的传动间隙，采用了双螺距渐厚蜗杆，通过移动蜗杆的轴向位置来调整间隙。这种蜗杆的左右两侧面具有不同的螺距，因此蜗杆齿厚从头到尾逐渐增厚，但由于同一侧的螺距是相同的，所以仍然保持着正常的啮合。

当工作台静止时，必须处于锁紧状态。为此，在蜗轮底部的辐射方向装有 8 对夹紧瓦 4 和 3，并在底座 9 上均布着同样数量的液压缸 5。当液压缸 5 的上腔接通压力油时，活塞 6 便压向钢球 8，撑开夹紧瓦 4，并夹紧蜗轮 2。在工作台需要回转时，先使液压缸 5 的上腔接通回油路，在弹簧 7 的作用下，钢球 8 抬起，夹紧瓦 4 将蜗轮松开。

回转工作台的导轨面由大型滚子轴承 13 支承，并由圆锥滚子轴承 12 及调心圆柱滚子轴承 11 保持准确的回转中心。

开环控制的回转工作台的定位精度主要取决于蜗杆副的传动精度，因为必须采用高精度的蜗杆副。此外，还可以实际测量工作台静态定位误差之后，确定需要补偿的角度位置和补偿脉冲的符号（正向或反向），储存在补偿回路中，由数控装置进行误差补偿。

数控回转工作台设有零点，当它作回零运动时，先用挡块碰撞限位开关（图中未示出），使工作台降速，然后在无触点开关的作用下，使工作台准确地停在零位。数控回转工作台在任意角度的转位和分度时，由光栅 10 进行读数，因此能够达到较高的分度精度。

五、自动换刀装置

1. 自动回转刀架

数控车床上的自动回转刀架分为电动刀架和电动液压刀架两大类。一般在经济型数控车床上用电动回转刀架，大多为 4 工位或 6 工位；在标准型数控机床上一般用电动液压刀架，而且大多大于 8 工位。

由于数控机床的加工精度在很大程度上取决于刀尖位置，而且在加工过程中刀尖位置不进行人工调整，因此回转刀架必须有良好的强度和刚度及合理的定位结构，以保证回转刀架在每一次转位后都有尽可能高的重复定位精度。图 2-18 为回转刀架的外形图，其中图 2-18a 为立式回转刀架，图 2-18b 为卧式回转刀架。

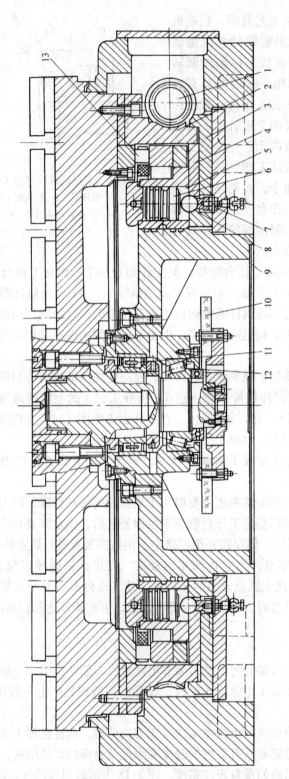

图 2-17　回转工作台结构

1—蜗杆　2—蜗轮　3,4—夹紧瓦　5—液压缸　6—活塞　7—弹簧　8—钢球　9—底座　10—光栅　11,12,13—轴承

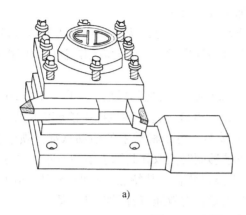
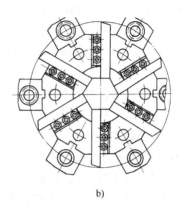

a) b)

图 2-18 回转刀架的外形图

a）立式回转刀架 b）卧式回转刀架

2. 刀库及其换刀装置

加工中心上的自动换刀系统一般由刀库和刀具交换机构组成，是多工序数控机床上应用最广泛的换刀方法。整个换刀过程较为复杂，首先把加工过程中需要使用的全部刀具分别安装在标准的刀柄上，在机外对刀后，按一定的方式放入刀库。换刀时，先在刀库中进行选刀，并由刀具交换装置从刀库和主轴上取出刀具。在进行刀具交换之后，将新刀具装入主轴，把旧刀具放回刀库。存放刀具的刀库具有较大的容量，它既可安装在主轴箱的侧面或上方，也可作为单独部件安装到机床以外。

常用的刀库形式有三种：即盘形刀库、链式刀库和格子箱刀库。在中、小型加工中心上一般采用盘形刀库，容量为 8~24 把；链式刀库主要用在中型加工中心上，容量为 30 到上百把；格子箱刀库一般也用在需要较大容量的刀具的加工中心上。

带刀库的自动换刀装置的数控机床主轴箱内只有一个主轴，设计主轴部件时，应充分增强它的刚度，因而能够满足精密加工的要求。另外，刀库可以存放数量很大的刀具（可以多达 100 把以上），因而能够进行复杂工件的多工序加工，这样就明显地提高了机床的适应性和加工效率。所以，带刀库的自动换刀装置特别适用于数控钻床、数控镗铣床和加工中心。

加工中心的换刀形式主要有机械手换刀机构和无机械手换刀机构两类。下面分别加以介绍。

1）无机械手换刀机构主要是指换刀过程是由刀库与主轴之间通过相对运动来实现换刀的一种自动换刀装置。这种换刀装置在换刀时，必须先将用完的刀具送回刀库，然后再从刀库中取出新刀具，这两个动作不能够同时进行，所以这种装置换刀时间较长。图 2-19 所示为某立式加工中心采用的换刀方式。

由图 2-19 可见，该机床的换刀机构较为简单，但其换刀过程却较为复杂。它的选刀和换刀由三个坐标轴的数控定位来实现，因此每交换一次刀具，工作台和主轴箱就

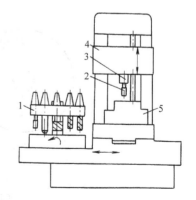

图 2-19 无机械手换刀
加工中心结构

1—刀库 2—刀具 3—主轴

4—主轴箱 5—工件

必须沿着同样的路线来回作两次运动，增加了换刀时间。

2）采用机械手进行刀具交换的方式最为广泛，这是因为机械手换刀有很大的灵活性，而且可以减少换刀时间。机械手有单臂和双臂两种形式。下面就应用广泛的双臂机械手换刀机构进行介绍。

双臂机械手中最常用的几种结构如图 2-20 所示，它们分别是钩手（图 2-20a）、抱手（图 2-20b）、伸缩手（图 2-20c）和叉手（图 2-20d）。这几种机械手能够完成抓刀、拨刀、回转、插刀以及返回等动作。为了防止刀具掉落，各个机械手的活动爪都必须带有自锁机构。由于双臂机械手的动作较为简单，而且能够同时抓取和装卸主轴和刀库中的刀具，因此可缩短换刀时间。图 2-21 是双刀库双机械手换刀装置，其特点是用两个刀库和两个单臂机械手进行工作，因而机械手的工作行程大为缩短，有效地节省了换刀时间。

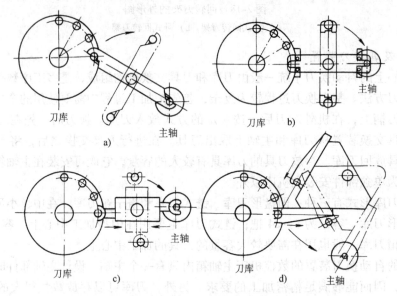

图 2-20　双臂机械手换刀装置
a）钩手　b）抱手　c）伸缩手　d）叉手

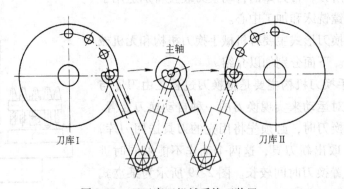

图 2-21　双刀库双机械手换刀装置

复习思考题

1. 数控机床在机械结构上与普通机床相比有何特点？

2. 简述数控车床进给系统的组成。

3. 镗铣加工中心在结构上和普通数控铣床有何不同？

4. 车削加工中心有何特点？

5. 立式回转刀架和卧式回转刀架各有何优缺点？

6. 卧式加工中心和立式加工中心的工艺性能有何不同？

7. 五坐标加工中心适合加工何种工件？

8. 刀库有哪几种形式，各适用于何种加工中心？

9. 简述加工中心上刀库直接换刀和机械手换刀的过程，并分析各自的特点。

10. 简述常用的导轨形式并说明各自的特点。

第三章

数控机床坐标系

数控系统依据工件加工程序控制机床进行自动切削加工，其实质就是控制刀具和工件的相对运动，那么就需要在机床上建立描述刀具和工件相对位置关系的坐标系统，以便数控系统向机床坐标轴发出控制信号，完成规定的运动。因此，认识数控机床的坐标系统是使用数控机床编程和操作的基础。

◇◇◇ 第一节 数控机床坐标轴及其运动方向

标准的坐标系是笛卡儿直角坐标系，如图 3-1 所示。数控机床坐标轴的指定方法已标准化，我国在 GB/T 19660—2005 中规定了各种数控机床的坐标轴和运动方向。它规定直角坐标系中 X、Y、Z 三个直线坐标轴和 A、B、C 三个回转坐标轴的关系及其正方向用右手螺旋法则判定。

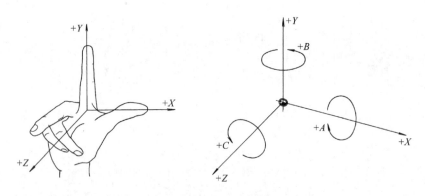

图 3-1　笛卡儿直角坐标系

无论机床的具体运动方式如何，数控机床的坐标运动都指的是刀具相对于静止的工件的运动。机床的某一部件的正方向是增大工件和刀具距离（即增大工件尺寸）的方向，刀具切入工件的方向为负方向。如对于钻、镗、铣加工的机床（仅用它的三个主要直线运动），钻入或镗入工件的方向是坐标轴的负方向。

1. Z 坐标轴

Z 轴是首先要指定的轴，是指机床上提供切削力的主轴的轴线方向，如果机床有几个主轴，则指定传递动力的主轴为 Z 轴。如另有一轴平行于 Z 轴，则可指定为 W 轴，如有第三轴也平行于 Z 轴，则可指定为 R 轴。例如立式数控铣床上，夹持刀具的垂向主轴为 Z 轴，它可由数控系统控制上、下运动；但有时工作台也可控制垂向升降，此时可指定工作台的垂向方向运动力 W 轴。如果机床没有回转主轴，则可指定垂向工作台面的轴为 Z 轴。

2. X 坐标轴

X 轴通常是水平的，且平行于工件装夹表面。它平行于主要的切削方向，而且以此方向为正方向。如车床 X 轴是工件平行于工作台的径向；单立柱铣床的 X 轴是平行于工作台的左右方向。如果有几个滑板沿导轨运动，则取主要滑板的运动方向为 X 轴方向，其余的第二、第三滑板运动方向，可分别指定为 U 轴和 P 轴。

3. Y 坐标轴

Z 轴与 X 轴决定后，根据笛卡儿坐标系，与它们互相垂直的轴便是 Y 轴。当垂直于 Z 轴和 X 轴的方向有几个运动时，除 Y 轴外，尚可指定为 V 轴和 O 轴。

图 3-2 为数控车床坐标系。此机床有两个运动，装夹工件的主轴是水平安装的，安装车刀滑板的纵向运动平行于主轴，所以定为 Z 轴，而滑板垂直于 Z 方

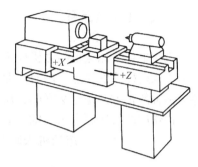

图 3-2 数控车床坐标系

向的水平运动（即沿工件径向运动）定为 X 轴。由于车刀刀尖安装于工件中心平面上，不需要垂直方向的运动，所以不需规定 Y 轴。

图 3-3 为车削中心坐标系。它和普通数控车床相比，除具有 X 轴、Z 轴外，还具有绕 Z 轴回转的 C 坐标轴。有的车削中心还有第二个拖板，这时平行于 Z 轴的为 W 轴，而垂直于 W 轴的为 U 轴。图 3-4 为立式数控铣床坐标系。图中夹持刀具的主轴定为 Z 轴，可上、下移动，机床工作台纵向移动方向定为 X 轴。与 Z 轴、X 轴相垂直的为 Y 轴。该机床工作台不能控制升降，所以没有 W 轴。

图 3-5 所示为五轴加工中心坐标系。该加工中心具有水平主轴，有三个直线运动和两个回转运动。Z 轴为平行于主轴的立柱移动方向，X 轴是刀架的移动方向，主轴的垂直移动方向为 Y 轴。回转工作台的回转方向定为 B 轴，机床工作台的倾斜运动定为 A 轴。

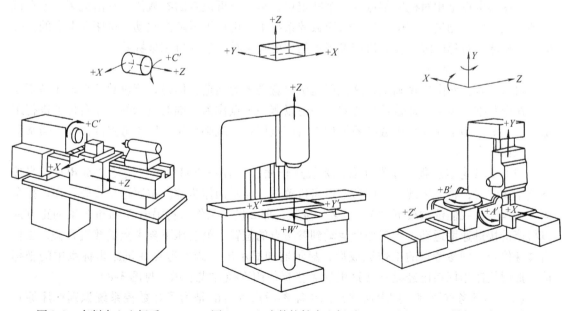

图 3-3 车削中心坐标系　　图 3-4 立式数控铣床坐标系　　图 3-5 五轴加工中心坐标系

◇◇◇ 第二节　机床坐标系与工件坐标系

一、机床坐标系

1. 机床坐标系原点

机床坐标系原点也叫做机床零点或机床原点，是由机床厂家在设计机床时确定的。它不但是机床坐标系的原点，同时也是其他坐标系（如工件坐标系）的基准点。由于数控机床各坐标轴的正方向是定义好的，所以机床零点一旦确定，机床坐标系也就确定了。例如，立式数控铣床的机床原点为主轴中心线与工作台台面的交点作为 X 轴、Y 轴和 Z 轴坐标系的原点（图 3-6）。数控车床的机床原点通常定在主轴装夹法兰盘的端面中心点上（图 3-7）。

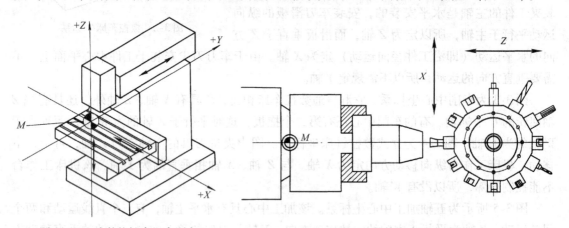

图 3-6　立式数控铣床机床原点　　　　　　　　图 3-7　数控车床机床原点

2. 机床参考点

机床参考点是相对机床零点的一个特定点，是一个可设定的参数值。它由机床厂家在机床硬件上设定，测量出其位置后输入至数控系统中，用户不得随意改动。机床参考点的坐标值小于机床的行程极限。设立机床参考点的主要意义在于建立机床坐标系。

3. 机床坐标系的建立

机床原点虽然由厂家确定，这仅仅是机械意义上的确定，但是计算机数控系统还是不能识别这个基准坐标系，即数控系统并不知道以哪一个点作为基准对机床的工作台位置进行跟踪、显示等。为了让计算机数控系统识别机床坐标系，就必须执行回参考点的操作，通常称为机床回零点。

（1）回参考点过程　通常在数控系统操作面板上有一个回参考点按钮"ZERO"，当按下这个按钮时，将会出现一个回参考点窗口菜单，显示操作步骤。按照这个步骤，在数控车床上操作时，我们依次按下"X"、"Z"按钮，那么机床工作台将沿着 X 轴和 Z 轴的正方向以机床的快进速度运动，当工作台运动到参考点的位置，就会压下参考点的接近开关，工作台减速停止。回参考点的工作完成后，显示器即显示出机床参考点在机床坐标系中的坐标值，此时机床坐标系已经建立（这里的 X 坐标值用直径方式表示，见图 3-8）。

（2）回参考点原理　如上所述，回机床参考点的目的是为了让数控系统识别机床原点的位置，而机床原点是个数学意义上的点，在数控车床上，机床原点位于卡盘端面后 20mm

处（不同厂家的机床设置可能不同），当然工作台不能回到这个点去。从上述回零过程我们可以看出，机床工作台事实上是回机床参考点。当工作台碰到参考点的接近开关时，在显示参考点坐标值的同时，给数控系统一个到位信号，数控系统将会记忆这个坐标值并认为该值就是该点在机床坐标系中的坐标值，而这个坐标值就是由机床厂家测量确定好的。

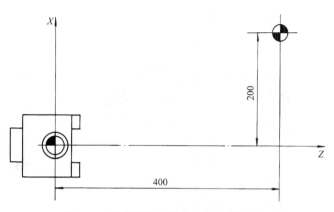

图3-8　机床原点和机床参考点的关系

由以上的分析可以看出，只要确定了机床的参考点，事实上也就确定了机床的坐标原点。即机床回参考点的实质，就是数控系统的电气坐标系统和机床的机械坐标系统通过机床参考点达到同步。

机床原点和机床参考点的关系如图3-8所示。因此，通常我们所说的通电后回零点实际上指的就是回参考点而不是机床原点。

对一般的数控系统而言，机床断电后不保护机床坐标系，因此下次开机时必须作回参考点操作才能进行自动加工。需要指出的是，机床返回参考点的方向、速度、参考点的坐标等均可由参数设定。

二、工件坐标系

工件坐标系是编程时对工件设置的坐标系。工件坐标系的原点，也叫做工件零点或工件原点（也称为编程原点），它是由编程人员在编程中任意设定的。在选择工件坐标系时，尽可能将工件零点选择在工艺定位基准上，这样对保证加工精度有利。如果设计基准与工艺基准不重合，要分析由不重合产生的误差。不同数控系统定义工件坐标系的指令及执行细节不同，就如同其他 G 指令一样，指令执行的差异是很大的，一般来说数控系统是通过 G53、G54、G55、G56、G57、G58、G59、G92 等指令来定义工件坐标系的，其中 G53 ~ G59 是依机床坐标系来定义的，而 G92 是依刀具当前位置定义的。即使同样采用这些指令，其含义仍有不同，要参阅具体数控系统的编程手册。如图3-9所示为数控车床机床原点和工件原点之间的关系。图3-10所示为数控铣床机床原点和工件原点之间的关系。

三、刀架相关点和行程极限

1. 刀架相关点

从机械意义上说，所谓寻找机床参考点，就是使刀架相关点与机床参考点相重合。所有刀具的长度补偿量均是刀尖相对该点的长度尺寸，即为刀长。可采用机上或机外刀具测量的方法测得每把刀具的补偿量。有些数控机床使用某把刀具作为基准刀具，其他刀具的长度补偿均以该刀具作为基准，对刀则直接用基准刀具完成。这实际上是把基准刀具刀尖作为刀架相关点，其含义与上述相同。但采用这种方式，当基准刀具出现误差或损坏时，整个刀库的刀具要重新设置。

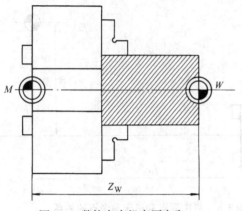

图 3-9 数控车床机床原点和
工件原点之间的关系

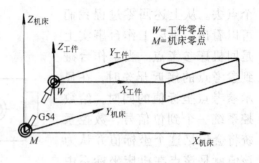

图 3-10 数控铣床机床原点和工件
原点之间的关系

2. 行程极限

数控机床是一种相对昂贵的设备，为了预防一些大的事故，在数控机床上不但设置有行程开关等硬极限保护外，为了更加安全，一般还设置有软极限保护。

硬极限行程开关一旦被压下，就会立即切断驱动电源，并通知数控系统产生超程报警。软极限报警是通过设置机床各轴在机床坐标系内移动的最大与最小坐标值来完成的。该区域内部称为工作区域。软极限应该设置在硬极限的里面。当工作台移动的范围等于软极限值时，数控系统就会发出指令，切断强电电源，同时发出报警信号。根据用户的需要，软极限通常是可以修改的，而硬极限一经厂家设定后就不能改动。

◇◇◇ 第三节 绝对坐标系与相对坐标系

一、绝对坐标系

刀具（或机床）运动轨迹的坐标值均是从某一固定坐标原点计量的坐标系，称为绝对坐标系。如图 3-11a 所示，A、B 两点的坐标均是以固定的坐标原点 O 来计量的，即 A (10, 10)，B (25, 30)。

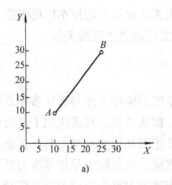

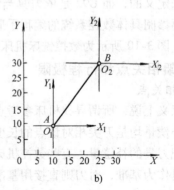

图 3-11 绝对坐标系与相对坐标系
a）绝对坐标系 b）相对坐标系

二、相对坐标系

刀具运动轨迹的终点坐标是相对于起点坐标计量的坐标系，称为相对坐标系（或增量坐标系）。如图 3-11b 所示，若 B 点是以 A 点为原点建立起来的坐标系（X_1，O_1，Y_1）内计量的，则终点的相对坐标为（15，20）。若 A 点的坐标是在以 B 点为原点建立起来的坐标系（X_2，O_2，Y_2）内计量的，则终点 A 的相对坐标为（−15，−20），其中负号表示 A 点（X_1、Y_1）在 X 轴、Y 轴的负方向。

三、数控机床加工图样中尺寸标注形式

原则上数控机床加工图样中尺寸标注也可用相对尺寸标注，尽管两种方法都是允许的，但因每转换一次尺寸标注的形式要多增编一条语句，因此尽量只采用其中一种尺寸标注形式。

1. 绝对尺寸标注

在绝对尺寸标注中（图 3-12），尺寸都是从坐标原点出发，新标注的尺寸均为到坐标原点的距离。如果视图中只有一个坐标原点，则不须要将所有的尺寸都拉到坐标原点，如孔 2、孔 3、孔 4 的尺寸。

若所有的坐标尺寸都可以向外拉，则可将所有的尺寸都填在一条直线上，每一个尺寸都是从原点开始，这种标注尺寸的形式叫做公共尺寸线上的尺寸标注法，如图 3-13 所示。

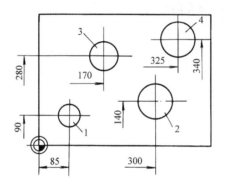

图 3-12 在一个坐标原点的情况下的简化尺寸标注

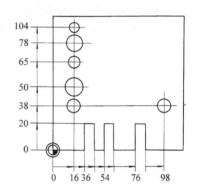

图 3-13 在公共尺寸线上标注尺寸

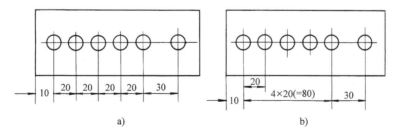

图 3-14 相对尺寸标注的不同形式

2. 相对尺寸标注

在相对尺寸标注时，前一尺寸的终点即为后一尺寸的起点，这样就形成了一个尺寸链，如图 3-14a 所示。如果尺寸链的若干个尺寸相等，则可采用图 3-14b 所示的简便的尺寸标注方法。

3. 混合标注法

在一个工件上有时可能需要建立几个坐标系，这时可分主坐标系和分坐标系。主坐标系和分坐标系是互相独立的，但主坐标系和分坐标系是通过一个尺寸链建立起来的，分坐标系的原点是通过主坐标系的坐标系原点标注尺寸的。如图 3-15 所示，1.1、1.2、1.3、2 都为绝对坐标标注，2.1、2.2、2.3、2.4 都为相对坐标标注。

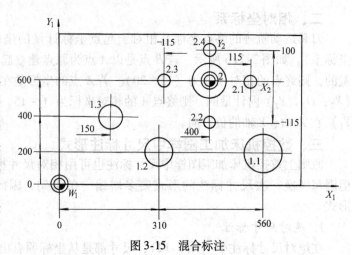

图 3-15　混合标注

复习思考题

1. 简述数控铣床坐标轴的判断方法。
2. 如何建立机床坐标系？
3. 如何确定工件坐标原点？它和机床原点是如何建立关系的？
4. 增量法尺寸标注和绝对值法尺寸标注是如何转换的？

第四章

数控编程基础

　　数控机床编程是指把零件的工艺过程、工艺参数及其他辅助动作，根据动作顺序，按数控机床规定的指令、格式编成加工程序，再记录于控制介质（程序载体）输入数控装置，从而指挥机床加工。

　　程序编制主要分为手工编程和自动编程两类。本章主要对手工数控编程进行介绍。

　　手工数控编程的一般步骤主要包括：零件图样分析、工艺处理、数学处理、编制程序清单、程序的输入修改及首件试切削等。手工数控编程流程图如图 4-1 所示。

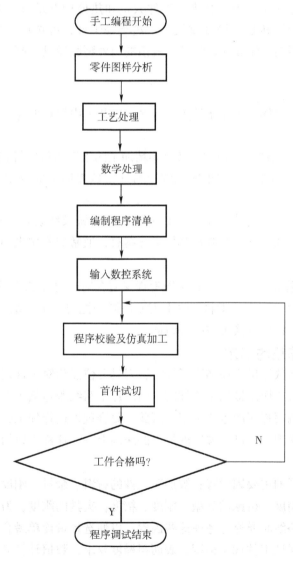

图 4-1　手工数控编程流程图

◇◇◇ 第一节 程序编制中的工艺分析

工艺分析及处理是加工程序编制工作中较复杂而又非常重要的环节之一。数控机床在对工件进行切削加工时，其机床及刀具、夹具等工艺装备的选择，工序内容和刀具进给路线的正确设计，以及切削用量等参数的正确设定，都是数控加工中的工艺处理环节。因此，无论是手工编程还是自动编程，在编程之前首先要对所加工的工件进行工艺分析，拟定加工方案。

一、数控机床的选择及加工工序的安排

1. 数控机床的选择

数控机床的选择和普通机床类似，一般主要考虑的因素有：毛坯材料及类型、工件轮廓形状的复杂程度、尺寸大小、加工精度、工件数量和热处理要求等。若被加工工件是圆柱形、圆锥形等各种成形回转表面以及螺纹类、盘类等工件，可选用数控车床；若工件为箱体、箱盖类、各种类型的凸轮壳体及形状较复杂的内外型腔模具，则应选用数控铣床或加工中心。

2. 加工工序的安排

在数控机床上加工工件，工序比较集中，在一次装夹中尽可能完成全部工序。常用工序的安排方法如下：

（1）先粗加工，后精加工 粗加工甚至半精加工的工序尽量安排在普通机床上完成。

（2）先近加工，后远加工 这里所说的近与远，是按加工部位相对于起刀点的距离而言的。

（3）先内表面加工，后外表面加工 该方案对车、铣及线切割机床加工特别适宜。对既有内表面又有外表面的工件，在制订其加工方案时，通常应安排先加工内形内腔，后加工外形表面。

（4）先加工面，后加工孔 当工件上既有面又有孔时，可先加工面，后加工孔。

（5）按所用刀具划分工序 即将工件上需要用同一把刀加工的部位全部加工完毕之后，再换另一把刀来加工，以减少换刀空行程时间。

二、工件加工路线的确定

工件加工路线是指数控机床在加工工件时，刀具刀位点相对工件运动的轨迹及方向，包括刀具以何种方式切入或切出被加工工件的表面。加工路线既包括了工步的内容，也反映出工步安排的顺序，是编写程序的重要依据。因此，要合理地选择加工路线。在确定加工路线时最好先画一张工序简图，将已经拟定的加工路线画上去，这样可以给程序的编制带来许多方便。

影响加工路线选择的主要因素有：被加工工件的材料、余量、刚度、刀具使用寿命、加工精度要求、表面粗糙度；机床的类型、刚度、精度；夹具的刚度；刀具的状态、刚度、使用寿命等。确定加工路线时要充分考虑这些因素，以便选择最简单最合理的加工路线。合理的加工路线，是指能保证工件加工精度、表面粗糙度要求，数值计算简单、程序段少、编程工作量小、加工路线最短、空行程最少的高效率路线。

三、刀具和工夹具的选择

合理选择数控加工用的刀具、夹具，是工艺处理工作中的重要内容。在数控加工中，产品的加工质量和劳动生产率在很大程度上将受到刀具和夹具的制约。

1. 刀具的选择

数控加工要求刀具必须具有足够的强度、较高的精度、很好的可靠性、较强的适应性、较好的切削性能和较长的使用寿命等，以适应高速、高效、强力切削和保证精加工的需要。因此，在选用数控加工用刀具时，除尽量选用高硬度、高耐磨性、高耐热性等综合性能好的刀具材料外，还应尽可能选择通用的标准刀具、不重磨式刀具及可调刀具等。如铣削平面时，采用镶装不重磨可转位硬质合金刀片的铣刀；加工凹槽、凸台面和毛坯表面时，可选用镶装硬质合金刀片的立铣刀等。

2. 夹具的选择

夹具即指对工件定位和装夹的工具。在选用夹具时应注意：

1）尽可能选用组合夹具及可调等精度较高且通用性较强的夹具。
2）尽量减少装夹次数。
3）确定可行的夹紧方法。
4）夹具应具有可靠的夹紧力、较高的定位精度和较好的刚性。
5）结构上应力求简单，以便迅速和方便地装卸工件和夹具。

四、确定切削用量

数控加工中的切削用量是表示机床主体的主运动和进给运动大小的重要参数，包括切削深度、主轴转速和进给速度，其选择应根据机床说明书、切削原理并结合实践经验采用类比法确定。

五、数值计算

根据工件图样，按照已经确定的加工路线和允许的编程误差，计算数控系统所需输入数据，称为数值计算（又称数学处理）。点位控制数控机床的加工路线很简单，编程时只需进行一些简单的计算，而轮廓加工必须进行数值计算。

在手工编程工作中，数值计算不仅占有相当大的比例，有时甚至成为工件加工成败的关键。编程人员应具有较扎实的数学基础知识，并掌握一定的计算技巧，具有灵活处理问题的能力，只有这样才能准确和快捷地完成数值计算工作。

一个工件的轮廓曲线可能由许多不同的几何元素所组成，如直线、圆弧、非圆二次曲线等，各几何元素的连接点称为基点。例如，两直线的交点，直线与圆弧的交点或切点，圆弧与二次曲线的交点或切点等。

当采用不具备非圆曲线插补功能的数控机床加工非圆曲线（如渐开线、阿基米德螺旋线等）时，在其加工程序的编制工作中，常常需要用直线或圆弧去近似代替非圆曲线，这种方法称为拟和处理。拟和线段中的交点称为节点。由于曲线组成工件轮廓节点计算较复杂，在此不作介绍。

1. 一般工件基点计算

可建立一直角坐标系，工件上各基点的坐标值可从坐标系中直接读出。

2. 回转体工件基点计算

一般对车床而言，同样需建立一直角坐标系，工件上各基点的 Z 轴坐标值可从坐标系中直接读出，X轴坐标值为工件的直径值，而非半径值。

3. 对称类工件的基点计算

一般来说，工件原点选在工件形状对称中心位置上，这样工件基点分布在坐标系各个象限中，只需求出一个象限内的基点坐标值，对于全功能数控机床来讲就足够了。综上所述，计算对称类工件基点需注意以下几个问题：

1）基点坐标值不包含原尺寸公差，尺寸公差由数控工艺中刀具半径补偿的方法来实现其公差要求。

2）基点的坐标值应根据基点所在象限，在其坐标值一律注上"＋"、"－"号。

◇◇◇ 第二节　编程规则

一、加工程序的组成

加工程序是数控加工中的核心组成部分。不同的数控系统，其加工程序的结构及程序段格式可能有某些差异。因此，编程人员必须严格按照机床说明书的规定格式进行编程。不过，加工程序的基本内容与结构是相同的。

一个完整的程序，必须包括程序的开始部分、内容部分和结束部分。

程序的开始部分，通常用符号"％"或字母"O"表示；内容部分由程序段格式具体规定；结束部分多用"M02"、"M30"或符号"EM"表示。

例1

％10；						（程序开始部分）
N0010	G90	G54	G00	X0	Y0 Z30；	
N0020	M03	S1000；				
N0030	T1	D1；				（程序内容部分）
N0040	G00	X20	Y20	Z10；		
⋮						
N0180	G00	Z30；				
N0190	X0	Y0；				（程序结束部分）
N0200	M30；					

1. 程序名

程序名是程序的开始部分，每一独立的程序都要有一个自己的程序编号，在编号前采用程序编号地址码。FANUC 系列数控系统中，程序名地址是用英文"O"表示；SIEMENS 系列数控系统中，程序编号地址是用符号"％"表示。在有些现代数控系统中，加工程序号的地址和通常的计算机文件命名基本一样。

2. 加工前机床状态要求（N0010 ～ N0030 程序段）

通过执行该部分的程序，完成了指定刀具的选用、相关刀具的参数补偿、刀具的切削速度和旋转方向等一系列刀具切入工件前的准备工作。

3. 刀具加工工件时的运动轨迹（N0040 ～ N0170 程序段）

该部分用若干程序段描述被加工工件表面的几何轮廓以及加工过程中的一些参数设定。

4. 准备结束程序（N0180～N0190程序段）

该部分的程序内容是当刀具完成对工件的切削加工后，刀具退出时的切削方式、刀具的停留位置等。

5. 结束程序（N0200程序段）

结束整个程序。

二、加工程序的结构

数控加工程序的结构一般由引导程序、主程序及子程序组成。

1. 引导程序

大多数国产数控系统规定有引导程序，用以指定将运行的加工程序号、设置一些必要的参数等。在有些数控系统所规定的加工程序中，未规定其引导程序，上述内容则通过其他输入和存储方式，并经其加工程序中相应的程序段（格式）调出执行。

2. 主程序

主程序由指定加工顺序、刀具运动轨迹和各种辅助动作的程序段组成。它是加工程序的主体结构。在一般情况下，数控机床是按其主程序的指令执行加工的，如例1就是某加工程序中的主程序。

3. 子程序

加工程序中有某些重复出现的内容，可作为子程序，并将编制的子程序内容储存到数控装置中，需要时由主程序直接调用即可。

三、程序字

工件加工程序是由程序段构成的，每个程序段是由若干个程序字组成，每个字是数控系统的具体指令，它是由表示地址的英语字母、特殊文字和数字集合而成。

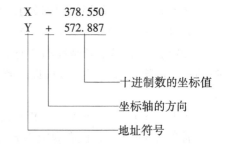

例2

1. 程序字的结构

程序字通常是由地址和跟在地址后的若干位数字组成（在数字前可缀以符号"＋"、"－"），如例2所示。

字地址是指数字前面标有字母，表示该字的功能。字由各种各样的字符和若干位数字组成。它在结构上有如下两种形式：

1）字母＋代码，例如：G17　T1。

2）字母＋符号＋代码，例如：X312.553　Y－158.321。

2. 字的分类

根据各种数控装置的特性而异，程序字基本上可以分为尺寸字和非尺寸字两种。例如上述1）就是非尺寸字。非尺寸字地址见表4-1。

尺寸字地址见表4-2。

四、程序段格式

1. 程序段的组成

程序段是程序中的一个单位。由程序段号、地址符、数据字、符号组成，即由若干个程序字按特定的格式组合而成。

表 4-1		非尺寸字地址字母	表 4-2		尺寸字地址字母

机　能	地址	意　义	机　能	地址	意　义
程序段顺序号	N	顺序地址字母	尺寸字 地址字母	X、Y、Z	坐标轴地址指令
准备功能	G	由 G 后面两位数字决定该程序段意义		U、V、W	附加轴地址指令
进给功能	F	刀具进给功能		A、B、C	附加回转轴地址指令
主轴转速功能	S	指定主轴转速		I、J、K	圆弧起点相对于圆弧中心的坐标指令
刀具功能	T	指定刀具号			
辅助功能	M	指定机床上的辅助功能			

2. 程序段格式

程序段的格式，是指在同一个程序段中关于程序刀具指令、机床状态指令、机床坐标轴运动方向（即刀具运动轨迹）指令等各种信息代码的排列顺序和含义规定的表示方法。不同的数控系统往往有不同的程序格式。所以，在编程时要严格参照该机床控制系统规定的要求格式来编写每一个程序段。程序段的基本格式及含义如下：

N×××× G×× X±×××××.××× Y±×××××.××× Z±××××
×.××× F××××.××× S××/×××× T××/×××× M×× *

其中：

① N××××——以地址符 N 后带四位整数表示，数字中的前置"0"一般可以省略，如 N0010 可写为 N10。

② G××——以地址符后带两位整数表示，个别数控系统规定可省略前置"0"。

③ X±×××××.×××、Y±×××××.×××、Z±×××××.×××

分别表示 X、Y、Z 坐标轴方向上的尺寸值。以地址符后带小数点前五位和小数点后三位的正、负数表示，其正号可以省略。该尺寸数值的单位通常为 mm，有的数控系统规定为 in。

④ F××××.×××——以地址符后带小数点前四位和小数点后三位的数字表示，其单位通常为 mm/min，也有规定为 mm/r 的。指令进给速度时，一般只取整数值，规定三位小数是为了满足该指令用于其他功能的需要，如指令特殊螺纹的螺距等。

⑤ S××/××××——以地址符 S 后带两位或四位整数表示。

⑥ T××/××××——以地址符 T 后带两位或四位整数表示。

⑦ M××——以地址符 M 后带两位整数表示。

⑧ *——程序段结束标志符，FANUC 系统使用";"，SIEMENS 系统为"LF"。

◇◇◇ **第三节　数控编程指令**

数控机床常用的指令字分为两大类：一类是准备功能字——G 代码（G 指令）；一类是辅助功能字——M 代码（M 指令），另外还有进给功能字（F 代码）、主轴转速功能字（S代码）、刀具功能字（T 代码）。其中，G 指令与 M 指令是数控加工程序中描述工件加工工艺过程的各种操作和运行特征的基本单元。

国际上广泛使用 ISO 标准 G、M 指令，但不同的数控系统，其 G、M 指令的含义略有不同，特别是中、高档系统，由于目前大多从日本、德国等国进口，差异较大，因此在编程时，应遵循机床数控系统说明书编制程序。本书如无特别说明，都以 FANUC 系统为标准进行讲解。

一、准备功能——G 指令

G 指令，也称为准备功能指令，简称为 G 功能指令或 G 代码指令。G 指令是使 CNC 机床准备为某种运动方式的代码。G 指令确定的控制功能可分为坐标系设定类型、插补功能类型、刀具半径补偿类型、固定循环类型等。G 指令通常由地址 G 及其后的两位数字表示，从 G00 ~ G99，通常为 100 种。表 4-3 为日本 FANUC 与德国 SIEMENS 数控系统的部分 G 指令功能含义对照表。

表 4-3　常用 G 指令功能含义对照表

代　码	日本 FANUC 0i-TD 系统	德国 SIEMENS 810T 系统
G00	点定位	点定位
G01	直线插补	直线插补
G02	顺时针圆弧插补	顺时针圆弧插补
G03	逆时针圆弧插补	逆时针圆弧插补
G04	暂停	暂停
G17	XY 平面选择	XY 平面选择
G18	ZX 平面选择	ZX 平面选择
G19	YZ 平面选择	YZ 平面选择
G20	米制数据输入	米制数据输入
G21	英制数据输入	英制数据输入
G27	返回参考点检测	—
G28	返回参考点	—
G33	选择功能	螺纹切削，等螺距
G40	取消刀具半径补偿	取消刀具半径补偿
G41	刀具半径补偿—左	刀具半径补偿—左
G42	刀具半径补偿—右	刀具半径补偿—右
G43	—	—
G44	—	—
G50	设定坐标系及主轴最高转速	取消比例缩放修调
G54	零点偏置 1	零点偏置 1
G55	零点偏置 2	零点偏置 2
G56	零点偏置 3	零点偏置 3
G57	零点偏置 4	零点偏置 4
G58	零点偏置 5	可编程的零点偏置 1
G59	零点偏置 6	可编程的零点偏置 2
G60	—	减速,精确定位(停)
G64	—	连续路径加工

（续）

代码	日本 FANUC 0i-TD 系统	德国 SIEMENS 810T 系统
G70	精加工循环	英制输入
G71	外圆粗车循环	米制输入
G72	端面粗车循环	—
G80	取消用于钻孔的固定循环	取消 G81～G89
G81	—	调用循环子程序 L81 钻孔中心孔
G82	—	调用循环子程序 L82 钻孔
G90	外圆内孔车削循环（绝对尺寸）	绝对尺寸
G91	增量尺寸	增量尺寸
G92	螺纹切削循环	在地址 S 下设定主轴转速限制
G94	端面车削循环	每分钟进给
G95	—	每转进给
G96	线速恒定控制	恒线速度控制
G97	取消线速恒定控制	取消 G96，储存 G96 最后设定的转速
G98	每分钟进给	—
G99	每转进给	—

G 指令通常有以下两种：1）模态 G 指令，这种指令在被同组其他的 G 指令取代或注销之前，一直有效。2）非模态 G 指令，这种指令只有在被指定的程序段内才有意义。另外，不同组的 G 指令，在同一程序段中可以指定多个。

最常用的模态指令有 G00　G01～G03　G33　G90　G91 等；非模态指令有 G04、G80 等。

一些 G 指令常用方法如下：

1. 坐标平面指令 G17、G18、G19

功能：在编程时必须先确定一个平面，即确定一个两坐标的坐标平面，在此平面中可以进行刀具半径补偿。另外，根据不同的刀具类型（铣刀、钻头、车刀等）进行相应的刀具长度补偿，如图 4-2 所示。

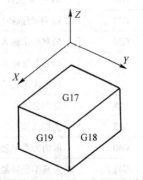

图 4-2　平面选择指令示意图

对于钻头和铣刀，长度补偿的坐标轴为所选平面的垂直坐标轴，表 4-4 为三个坐标平面的含义。

编程举例：N10　G17　G90　G54　X＿ Y＿ Z＿ M＿ S＿ T＿ D＿／*，选择 XY 平面。

表 4-4　G17、G18、G19 三个坐标平面的含义

G 功能	平面（横坐标、纵坐标）	垂直坐标
G17	X Y	Z
G18	Z X	Y
G19	Y Z	X

2. 可设定零点偏置 G54～G59（图 4-3）

G54　　　　　　　　　　　　　　　　　　第一可设定零点偏置

G55　　　　　　　　　　　　　　　　　　第二可设定零点偏置

G56　　　　　　　　　　　　　　　　　　第三可设定零点偏置

G57	第四可设定零点偏置
G58	第五可设定零点偏置
G59	第六可设定零点偏置

编程举例（图4-4）：

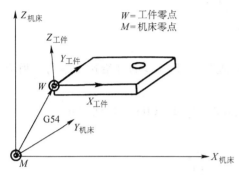

图4-3　工件零点偏置

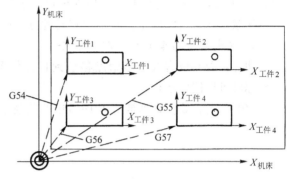

图4-4　零点偏置应用

N10	G54…	调用第一可设定零点偏置
N20	L47	加工工件1，此处作为L47调用
N30	G55…	调用第二可设定零点
N40	L47	加工工件2，此处作为L47调用
N50	G56…	调用第三可设定零点
N60	L47	加工工件3，此处作为L47调用
N70	G57…	调用第四可设定零点
N80	L47	加工工件4，此处作为L47调用

⋮

M30

注意：L47是SIEMENS系统子程序调用。一般SIEMENS系统预设G54～G57，FANUC系统预设G54～G59。

3. 快速点定位指令G00（模态指令）

功能：快速移动G00用于快速定位刀具，没有对工件进行加工。可以在几个轴上同时进行快速移动，由此产生一个线性轨迹，如图4-5所示。

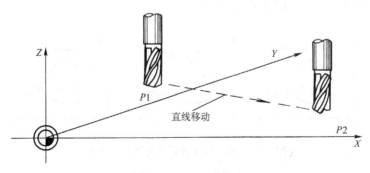

图4-5　G00运动轨迹

用 G00 快速移动时在地址 F 下编程的进给率无效。

G00 一直有效，直到被 G 功能组中其他指令（G01　G02　G03 _）取代为止。

编程举例：N10　G00　X100　Y150　Z65

说明：G 功能组中还有其他的 G 指令用于定位功能（G60/G64 准确定位/连续路径方式）。在用 G60 准确定位时，可以在窗口下选择不同的精度。

注意：在进行准确定位时要注意几种方式的选择。

4. 直线插补指令 G01（模态指令）

功能：刀具以直线从起始点移动到目标位置，按地址 F 下编程的进给速度运行，所有的坐标轴可以同时运行。

G01 一直有效，直到被 G 功能组中的其他指令（G00　G02　G03 _）取代为止。

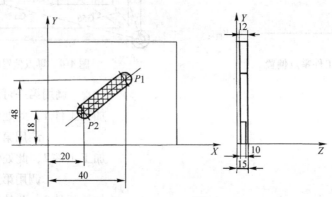

图 4-6　G01 运动轨迹

编程举例（图 4-6）：

N05　G00　G90　G54　X40　Y48　Z2　S500　M03，三轴同时快速移动到 P1。

N10　G01　Z-12　F100　　　　　　　　　　　　下刀进给率 100mm/min

N15　X20　Y18　Z-10　　　　　　　　　　　　直线运动到 P2

N20　G00　Z100　　　　　　　　　　　　　　　快速移动

N25　X-20　Y80　　　　　　　　　　　　　　　快速移动

N30　M02　　　　　　　　　　　　　　　　　　程序结束

注意：编程两个坐标轴（例如 G17 中 X _ Y _），如果只给出一个坐标轴的尺寸，则第二个坐标轴自动地以最后编程的尺寸赋值。

5. 圆弧插补指令 G02、G03（图 4-7）

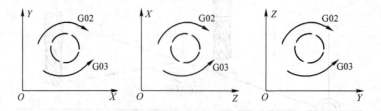

图 4-7　G02、G03 圆弧插补指令示意图

圆弧插补 G02/G03（模态指令）

功能：刀具以圆弧轨迹从起点移动到终点，方向由 G 指令确定：

G02——顺时针方向。

G03——逆时针方向。

在地址 F 下编程的进给率决定圆弧插补速度。圆弧可以按下述常用格式进行编程：

圆心编程格式为：G02/G03　$X_{终} \pm$＿　$Y_{终} \pm$＿　$Z_{终} \pm$＿　$I_{相} \pm$＿　$J_{相} \pm$＿　$K_{相} \pm$＿　F＿。

半径编程格式为：G02/G03　$X_{终} \pm$＿　$Y_{终} \pm$＿　$Z_{终} \pm$＿　CR＝±＿ ／R±＿　F＿。

G02 和 G03 有效，直到被 G 功能组中其他的指令（G00、G01…）取代为止。

说明：只有用圆心相对起点坐标—终点坐标才可以对整圆插补进行编程。

在用半径表示圆弧时，可以通过 CR＝±＿ ／R±＿的符号正确选择圆弧，因为在相同的起始点、终点、半径和相同的方向时可以有两种圆弧。其中，CR＝－＿/R－＿表明圆弧段大于半圆。而 CR＝＋＿/R＋＿则表明圆弧段小于或等于半圆。

其中，一般 SIEMENS 系统使用 CR＝±＿，FANUC 系统使用 R±＿。

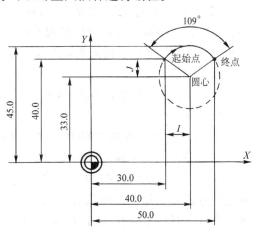

图 4-8　圆弧插补实例

编程举例（图 4-8）：

方式一：N05　G90　X30　Y40；

　　　　N10　G02　X50　Y40　R12；

方式二：N05　G90　X30　Y40；

　　　　N10　G02　X50　Y40　I10　J－7；

6. 刀具长度补偿 G43、G44、G49

（1）刀具长度补偿功能的应用　图 4-9 为一钻孔示例。图 4-9a 中表示钻头开始运动位置；图 4-9b 表示钻头正常工作进给起始位置和钻孔深度，这些参数都编在加工程序中；当钻头经过刃磨后，其长度方向上的尺寸将减少（设为 X），如按原程序进行加工，则钻头工

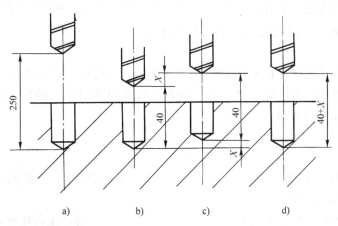

图 4-9　钻孔加工中的刀具长度补偿

作进给的起始位置将成为图4-9c所示位置，而所钻孔的深度也将减少X。要改变这一状况，达到加工尺寸要求，靠改变加工程序是比较麻烦的，但如果用长度补偿的方法来解决这一问题，就比较方便。

刀具长度补偿一般用于刀具轴向（Z方向）的补偿，它使刀具在Z方向上的实际位移量比程序给定值增加或减少一个偏置量，这样当刀具在长度方向上的尺寸发生变化时，可以在不改变程序的情况下，通过改变偏置量，加工出所要求的工件尺寸，如图4-9d所示。使用长度补偿后，钻头工作的起始位置仍然不变，只是在程序运行中使刀具的实际位移量比程序给定值多运行一个偏置量X，所钻孔的深度仍然满足要求，这样不用修改程序，即可加工出规定的孔深。

（2）建立刀具长度补偿指令G43/G44 G43/G44的作用是建立刀具长度正/负向补偿，使刀具偏置存储器里的Z轴长度偏差起作用。当实际刀具长度与编程的标准刀具长度不一致时，只要通过操作面板把实际刀具长度与编程标准刀具长度之差作为偏置值存入刀具参数存储器里即可。

注销刀具长度补偿指令是G49，其作用是将刀具长度补偿注销，使刀具偏置存储器里的Z轴长度偏差不起作用。

7. 刀具半径补偿指令 G40、G41、G42

（1）建立刀具半径补偿 G41、G42

功能：系统在所选择的平面中，以刀具半径补偿的方式进行加工。刀具必须有相应的刀补号才能有效。刀具半径补偿通过G41/G42生效，数控装置自动计算出当前刀具运行所产生的与编程轮廓等距离的刀具轨迹，如图4-10所示。

编程：G41 G01/G00 X± __ Y± __,

　　　　在工件轮廓左边刀补

　　　G42 G01/G00 X± __ Y± __,

　　　　在工件轮廓右边刀补

注意：只有在线性插补（G00，G01）时，才可以进行G41/G42/G40的使用。

正确选择起始点，可以保证刀具运行时不发生碰撞。

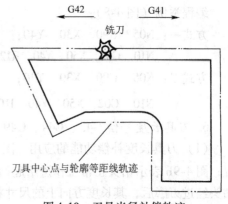

图4-10 刀具半径补偿轨迹

说明：在通常情况下，在G41/G42程序段之后，紧接着工件轮廓的第一个程序段。但轮廓描述可以由其中没有位移参数（注：指在所选择的平面中）的程序段中断，例如只有M指令或进刀运动的程序段。

编程举例（图4-11）：

N10　T __;　　　　　　　　　　　　　　　　　选择刀具号

N20　G17　D2　F300;　　　　　　　　　第二个刀补号，进给率300mm/min

N25　G01　X __ Y __;　　　　　　　　　　　P0—起始点

N30　G01　G42　X __ Y __;　　　　　　选择工件轮廓右边补偿，P1

N35　X __　Y __;　　　　　　　　　　　起始轮廓，圆弧或直线

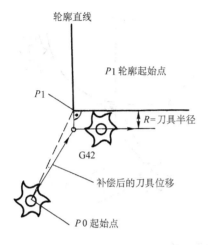
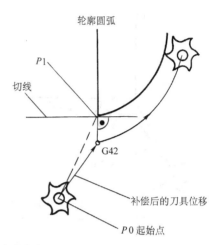

图 4-11　刀具起始点的选择

⋮

在选择了刀具半径补偿之后也可以执行刀具移动或者 M 指令。

⋮

N20　G01　G41　X ___　Y ___；	选择轮廓左边刀补
N21　Z ___；	Z 轴进刀
N22　X ___　Y ___；	起始轮廓，圆弧或直线

⋮

（2）取消刀具半径补偿 G40

功能：用 G40 取消刀具半径补偿，此状态也是编程开始时所处的状态。G40 指令之前的程序段刀具以正常方式结束（结束时补偿矢量垂直于轨迹终点处切线），与起始角无关。在运行 G40 程序段之后，刀具中心到达编程终点。在选择 G40 程序段编程终点时，要始终确保刀具运行不发生碰撞。

编程：G40　G01/G00　X ___　Y ___　　　　　　　　　　取消刀具半径补偿

注意：只有在线性插补（G00，G01）情况下才可以取消补偿运行。

编程举例（图 4-12）：

⋮

| N100　X ___　Y ___；| 最后程序段轮廓，圆弧或直线，P1 |
| N110　G40　G01　X ___　Y ___；| 取消刀具半径补偿，P2 |

刀具半径补偿在手动编程中还有一项很重要的功能，即当毛坯表面待加工余量较大，沿轮廓一次编程不能一次性将余量加工完毕，这时就可以将刀具参数的半径补偿值相应改变，再次执行该程序，刀具轨迹就会根据输入的半径值自动偏置，不断修改半径补偿值，不断调用加工程序，即可完成表面加工。一般补偿的原则是当程序中的刀补方向和所描述的工件轮廓方向一致时，若刀补值为正，则实际刀具加工轨迹方向和刀补方向一致，刀具轨迹中心的偏置值大小即为刀补值大小；若刀补值为负，则实际刀具加工轨迹和刀补方向相反，当程序中的刀补方向和所描述的工件轮廓方向相反时，与上述结果相反。

例如，程序中使用 G41（左刀补）方式，沿轮廓顺时针方向进给，而刀补值为负值，

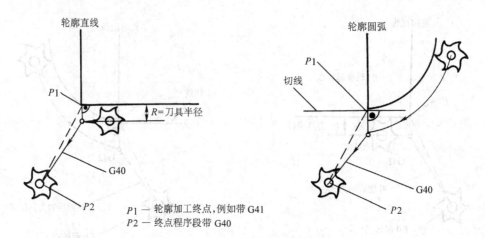

$P1$ — 轮廓加工终点，例如带 G41
$P2$ — 终点程序段带 G40

图 4-12　刀具退出点的选择

则在实际加工时，刀具偏置后仍然沿着顺时针方向进给，只是此时变成了 G42（右刀补）方式。在实际加工时一定要细心，要能根据自己的要求来编程，并相应正确设置参数。

二、辅助功能——M 指令

辅助功能指令，也称为 M 功能、M 指令或 M 代码。M 指令是控制机床辅助功能的代码，主要用于完成加工操作时的辅助动作及其表示辅助动作的状态，例如机床主轴正向旋转、停转、反向旋转、切削液的开/关等。

M 指令通常由地址 M 及其后的两位数字表示，从 M00～M99，通常为 100 种。表 4-5 为数控车床与数控铣床的部分 M 指令功能含义的对照表。

1. 程序停止 M00

编辑在单独的一个程序段中，在执行完 M00 指令程序段后，主轴仍转、进给停止、切削液继续工作、程序停止，但所有模态指令不变。当重新按下机床控制面板上的循环起动按钮之后，继续执行下一程序段。

表 4-5　常用 M 指令功能含义对照表

代码	数控车床	数控铣床	功　　能
M00	√	√	程序停止
M01	√	√	选择停止
M02	√	√	程序结束
M03	√	√	主轴顺时针旋转
M04	√	√	主轴逆时针旋转
M05	√	√	主轴停止
M06		√	换刀
M07	√	√	2 号切削液开
M08	√	√	1 号切削液开
M09	√	√	切削液关
M17	√		子程序结束

（续）

代　码	数控车床	数控铣床	功　　能
M30	√	√	程序结束,并返回程序首段
M98		√	子程序调出(FANUC 系统)
M99		√	子程序结束(FANUC 系统)

2. 选择停止 M01

该指令的作用与 M00 相似,不同的是必须在操作面板上预先按下"任选停止"按钮,当执行完 M01 指令程序段之后,程序停止,按下循环起动按钮之后,继续执行下一程序段;如果不预先按下"任选停止"按钮,则会跳过该 M01 指令程序段,即 M01 指令无效。

3. 程序结束并返回 M30

在完成程序段的所有指令后,使主轴停转、进给停止和切削液关闭,将程序指针返回到第一个程序段并停下来。

三、进给功能——F 指令

进给功能又称为 F 功能,其代码由地址符 F 和其后面的数字组成,用于指定进给速度,一般数控系统对进给速度有两种设置方法,即每分钟进给和每转进给,其单位分别为 mm/min（米制）或 in/min（英制）和 mm/r。选择何种进给设置方法,与实际加工的工件材料、刀具及工艺要求有关。作为切削用量三要素之一,能否合理地选择进给速度对加工的质量、效率影响很大。

1. 快速进给

由定位指令（G00）可进行快速进给定位。由于快速进给速度可通过机床内参数设定,因此不需要在程序中指定。对于快速进给速率,可由机床操作面板上的倍率开关进行控制。

2. 切削进给

在直线插补（G01）、圆弧插补（G02/G03）中,用 F 后面的数字来指定刀具进给速度。F 指定是一个模态指令,在未出现新的 F 指令之前,F 指令在后面的程序中一直有效。例如:

⋮
N05　…;
N10　G01　X30　Y60　F200;
N15　G01　X50　Y30;
N20　G01　X400　Y100　F400;
⋮

在 N10 程序段中,G01 直线插补,目标坐标值是 X30,Y60,进给速度为 200mm/min;以后程序段中（N15 段）,由于使用同一进给量 200mm/min,所以 F 功能指令可省略;直至 N20 段中 F300 指令出现,F200 指令才被取消,而开始执行新的 F300 指令。

四、主轴转速功能——S 指令

数控铣床的刀具大部分是安装在主轴上的,主轴的转速是由地址 S 和后面的数字组成,单位是 r/min。S 指令也是模态指令,在未出现新的 S 指令前,S 指令在后面的程序中一直有效。主轴的旋转方向的确定,是按右旋螺纹进入工件的方向旋转起动主轴为正方向,离开工件的方向旋转起动主轴为反方向，一般数控机床主轴旋转方向，用 M03 表示正向旋转，用 M04 表示反向旋转。

数控车床的刀具沿高速旋转着的工件轮廓表面进给，随着刀具位于轮廓表面不同的直径处，如果在整个加工过程中主轴转速不变，显然切削速度将随之而变化，从而难以维持刀具的最佳切削性能，以致影响了工件的加工质量，所以数控车床主轴转速指令内容及结构比数控铣床复杂些。现以 FANUC-0i-TE 数控系统为例，简介部分主轴功能：

1. 同步进给控制

在加工螺纹时，主轴的旋转与进给运动必须保持一定的同步运行关系。如车削等螺距螺纹时，主轴每旋转一周，其进给运动方向（Z 或 X）必须严格移动一个螺距或导程。其控制方法是通过检测主轴转数及角位移原点（起点）的元件（如主轴脉冲发生器）与数控装置相互进行脉冲信号的传递而实现的。

2. 恒线速度控制

在车削表面粗糙度要求十分均匀的变径表面，如端面、圆锥面及任意曲线构成的旋转面时，车刀刀尖处的切削速度（线速度）必须随着刀尖所处直径的不同位置而相应自动调整变化。该功能由 G96 指令控制其主轴转速按所规定的恒线速度值运行，例如 G96　S200，表示其恒线速度值为 200m/min。当需要恢复恒定转速时，可用 G97 指令对其注销，例如 G97　S1200，则表示恢复恒定转速为 1200r/min。

3. 最高转速控制

当采用 G96 指令加工变径表面时，由于刀尖所处直径在不断变化，当刀尖接近工件轴线（中心）位置时，因其直径接近零，线速度又规定为恒定值，主轴转速将会急剧升高。为预防因主轴转速过高而发生事故，该系统则规定可用 G50 指令限定其恒线速度运行中的最高转速，例如 G50　S2000。

五、刀具功能——T 指令

刀具功能指令，用于指定加工中所用刀具的刀号及刀具自动补偿时的编组号。因其地址符规定为 T，故又称为 T 功能或 T 指令。其自动补偿的内容有：刀具对刀之后的刀位偏差、刀具长度及刀具半径补偿。

1. 对于 FANUC 系统

刀具功能指令的后续数字有一位数、两位数、四位数及六位数多种，其中以两位数及四位数居多。

（1）两位数的规定　在数控车床中，普遍采用两位数的规定。首位数字一般表示刀具或刀位的编码号（即刀号），并常用 0~8 共 9 个数字，其中数字"0"表示不换刀；末位数字表示刀具自动补偿的编组号，并常用 0~8 共 9 个数字，其中数字"0"表示补偿量为零，即撤销其补偿。

例如，某车床所用加工程序中的功能指令代码为 T22，表示在执行该指令时，刀架上的 2 号刀具应自动转位到达加工位置，并实行第 2 组刀位偏差补偿。

（2）四位数的规定　当数控机床上所用刀具数超过 9 把并少于 100 把（即 10~99 把内）时，常采用这种规定：其后续数字中的前两位数为刀号，后两位数表示刀具自动补偿的编组号，该后两位数既可用于共同表示某种自动补偿（如刀位偏差）的编组号，也可用于依次先后表示其两种自动补偿（如刀位长度和刀具半径）的编组号。

选用几位数的规定，应用时以系统说明书的规定为准。

2. 对于 SIEMENS 系统

刀具功能指令的后续数字一般表示刀号，刀具的补偿号由 D 后的数字表示，一般一个刀具可以匹配从 1~9 几个不同补偿的数据组，如没有编写 D 指令，则 D01 自动生效；如果编程为 D00，则刀具补偿值无效；刀具半径补偿必须与 G41/G42 一起执行。

各个数控系统的刀具选择功能，是用 T 指令直接更换刀具，还是仅仅进行刀具的预选，这必须要在机床数据中确定。前者可用 T 指令直接更换刀具（刀具调用），后者仅用 T 指令预选刀具，另外还要用 M06 指令才可进行刀具的更换。

◇◇◇◇ 第四节 子 程 序

一、子程序的概念

当在一个加工程序的若干位置上，有着连续若干行程序在写法及格式上完全相同或者相似的内容时，为了简化程序，和其他计算机程序设计语言一样，可以把这些重复的程序段单独提取出来，并按一定的格式编写，这样的程序就称为子程序。当主程序在执行过程中执行到这个地方需要子程序的时候，再通过一定格式随时调用，当子程序中的操作完成后，自动返回主程序继续执行下面的程序段。

1. 子程序的嵌套调用

如果一个子程序中功能比较复杂的时候，或者在这个子程序中还有可能存在部分操作是挑选加工的情况，这时我们可以采用子程序的分级嵌套调用，如图 4-13 所示：

2. 子程序应用范围

1）工件上有若干个相同的轮廓形状。

2）加工中经常出现或具有相同的加工路线轨迹。

3）某一轮廓或形状需要分层加工的。

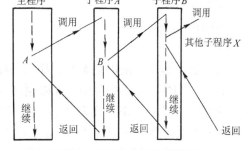

图 4-13 子程序的嵌套调用

二、子程序的调用和执行

1. 数控车床的子程序调用和执行

一般来说，在数控车床的程序编制中，调用子程序的情况很少，故这里不作详细说明，大家若有兴趣，可参考各系统的数控车床操作说明书。

2. 数控铣床的子程序调用和执行

（1）FANUC 0i-M 系统

1）子程序的嵌套调用。如果一个子程序中功能比较复杂的时候，或者在这个子程序中还有可能存在部分操作是挑选加工的情况，这个时候可以采用子程序的分级嵌套调用，如图 4-13 所示。

2）子程序应用范围

① 工件上有若干个相同的轮廓形状。

② 加工中经常出现或具有相同的加工路线轨迹。

③ 某一轮廓或形状需要分层加工。

3）子程序的调用和执行

① 主程序调用的书写格式

调用指令：M98 P××× ××××；

参数 P 后面的尾四位 ×××× 代表子程序名称的 4 位数字。头三位 ××× 指定重复调用该子程序的次数。如果调用一次可以忽略头三位 ×××，最大调用次数为 999 次。

② 子程序书写格式

O××××；

⋮

M99；

注意：如果 M99 指令中加入 Pn，即指令格式变为 M99 Pn，n 为主程序中的顺序号，这样子程序将返回到主程序中顺序号为 n 的程序段，这种使用方式只能用于存储器工作方式的 NC 设备，不能用于纸带控制方式的 NC 设备。

例如：

主程序	子程序
N0010 …；	O 1010；
⋮	N1010 …；
N0040　M98　P 1010；	N1020 …；
N0050 …；	⋮
N0060 …；	N1070　M99　P 0080；
N0070 …；	
N0080 …；	
⋮	

如果在主程序中使用了 M99，那么当程序执行到这段时，NC 设备系统返回到程序开头重复执行。当然，如果这种情况无限循环下去是不应该的，因此我们可以采用三种方式来控制结束程序：其一，M99 改为/M99，这样我们需要结束程序的时候，只要起动"跳段"按钮即可；其二，我们可以在 M99 前加入/M30 或/M02，这样当起动"跳段"按钮，就可以结束程序的执行；其三，可以使用/M99 Pn 方式，当起动"跳段"按钮，直接跳出这个循环或到达程序结束段的顺序号。

（2）SINUMERIK 802S/8C 系统

应用：原则上讲，主程序和子程序之间并没有区别。

用子程序编写经常重复进行的加工，例如某一确定的轮廓形状。子程序位于主程序中适当的地方，在需要的时候进行调用、运行。

加工循环是子程序的一种形式，加工循环包括一般通用的加工工序，诸如钻削、攻螺纹、铣槽等。

1）结构。子程序的结构与主程序的结构一样，在子程序中也是在最后一个程序段中用 M02 结束程序运行，子程序结束后返回主程序。

2）程序结束。除了用 M02 指令外，还可以用 RET 指令结束子程序。

注意：RET 或 M02 需要独立占用一个程序段。用前者结束，返回主程序时不会中断

G64 连续路径运行方式；后者则会，并进入停止状态。

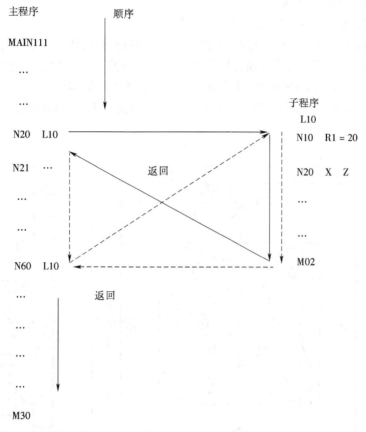

3）子程序程序名。为了方便地选择某一子程序，必须给子程序取一个程序名。程序名可以自由选取，但必须符合以下规定：

① 开始的两个符号必须是字母。

② 其后的符号可以是字母、数字或下划线。

③ 最多为 8 个字符。

④ 不得使用分隔符。

4）子程序调用。在一个程序中（主程序或子程序），可以直接用程序名调用子程序。子程序调用需占用一个独立的程序段。

例如：

N10   L456

N20   HJKH4

5）程序重复调用次数 P…

例如：

N10   L345   P4

6）嵌套深度。子程序不仅可以从主程序中调用，也可以从其他子程序中调用，这个过程称为子程序的嵌套。其深度可为三层及四级程序界面（包括主程序界面）。

说明：在子程序中，可以改变模态有效的 G 功能，例如 G90 ~ G91 的变换，在返回调用程序时请注意检查一下所有模态有效的功能指令，并按照要求进行调整。

三、子程序编程举例

下面以数控铣床为例，介绍子程序的应用。

当一个工件上有多个相同的形状尺寸加工时，可将相同的加工内容编写成子程序，供主程序调用；或者某一形状尺寸必须分层下刀时，也可将其一深度的加工内容编写成子程序，供主程序调用。下面以 FANUC 0i-M 系统为例，介绍子程序的编写、调用情况。

例3 加工如图 4-14 所示工件。本工序加工梅花瓣及 12 × φ8mm 孔，其余尺寸及形状均已加工完成。

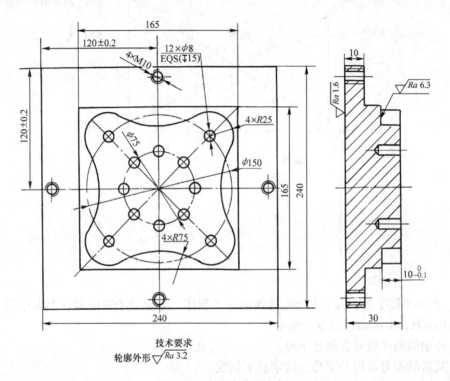

图 4-14 子程序应用实例

1）图样分析

2）工件装夹、毛坯分析。针对除梅花瓣和 12 × φ8mm 孔外其余均已加工完成的情况，决定采用压板压尺为 10mm 的台阶。

3）切削参数、工件坐标系及刀具路径的确定与分析。由于工件被加工外形轮廓全部为圆弧连接，为保证工件外形粗糙度，切入/切出均应以圆弧方式进行，并且因为加工深度为 10mm，一次切削很困难，因此我们采用分层切削，最后再通过刀补值修整整个圆弧面。

在加工深度方向上分为 5 次切削，前 4 次为粗加工，最后一次到达深度后精加工，采用立铣刀进行加工，由于内圆弧为 R75mm，故所选用刀具直径几乎不受限制，为保证刀具有足够的强度，此处选用 φ28mm 立铣刀。加工采用左刀补方式。

打表中分找正工件中心，确定中心并在 60mm 高处为工件坐标系原点，即编程坐标系原点。

4）加工路线。如图 4-15 所示，各点计算或通过计算机 CAD 绘制查点均同前，这里不

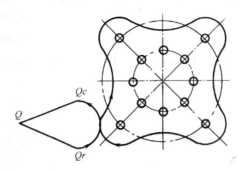

图 4-15　加工路线

再介绍。

5）依据以上数据和 FANUC-0i 系统的加工程序编制及分析如下：

主程序：

O0003；	程序名称
N120　G54　G90；	指定工件坐标系，并采用绝对坐标编程
N130　G00　Z150.　S350　M03　D01；	抬刀到安全高度，起动主轴正转，转速为 350r/min，D01 =14.3
N140　X－180.　Y－50.；	准备开始加工
N150　Z10.　M08；	到位，打开切削液
N160　G01　Z－10.　F100.；	下刀（此处空切削），切削深度为 10mm
N170　G41　G00　X－108.033　Y－83.033；	刀具左补偿，NC 补偿控制器中
N180　G03　X－78.033　Y－53.033　R30.　F30.	圆弧切入
N190　M98　P1005；	调用子程序 1005，第一层加工
N200　G01　Z－5.　F20.	改变切削深度为 5mm
N210　M98　P1005；	调用子程序 1005，第二层加工
N220　G01　Z－7.5.　F20.；	改变切削深度为 7.5mm
N230　M98　P1005；	调用子程序 1005，第三层加工
N240　G01　Z－9.8.　F20.	改变切削深度为 9.8mm
N250　M98　P1005；	调用子程序 1005，第四层加工
N260　G03　X－108.033　Y－23.033　R30.　F30.；	圆弧切出
N270　G40　G00　X－180.　Y－50.；	撤销刀具补偿，并离开工件
N265　M03　S600；	调整转速，精加工外轮廓
N280　G01　Z－10.　F100.；	改变切削深度为 10mm
N290　G41　D02　G00　X－108.033　Y－83.033；	刀具左补偿，NC 补偿控制器中 D02 =14

N300	G03	X−78.033	Y−53.033	R30.	F30. ;	圆弧切入

N310　M98　P1005 ;　　　　　　　　　　　　调用子程序1005，全深度修整
　　　　　　　　　　　　　　　　　　　　　圆弧面

N320　G03　X−108.033　Y−23.033　R30.　M09 ;　圆弧切出，关闭切削液

N330　G40　G00　X−180.　Y−50. ;　　　　撤销刀具补偿，并离开工件

N340　Z150. ;　　　　　　　　　　　　　　抬刀到安全高度，准备人工
　　　　　　　　　　　　　　　　　　　　　换刀

N350　M05 ;　　　　　　　　　　　　　　主轴停止转动，准备换钻头

N360　M01 ;　　　　　　　　　　　　　　选择停止（程序执行前必须启
　　　　　　　　　　　　　　　　　　　　　动选择停止按钮）

N365　G55 ;　　　　　　　　　　　　　　建立钻头对刀时的工件坐标系

N370　S500　M03　D03 ;　　　　　　　　换刀完成后使用循环启动按钮
　　　　　　　　　　　　　　　　　　　　　启动程序继续执行 NC 补偿控
　　　　　　　　　　　　　　　　　　　　　制器中 D03 = 4

N380　G00　X−53.033　Y−53.033 ;

N390　Z10.　M08 ;　　　　　　　　　　加工安全高度，打开切削液

N400　G83　Z−15.　R3.　Q2.　F30. ;　往复步进式钻削固定循环

N410　Y53.033 ;

N420　X−37.5　Y0. ;

N430　X−26.517　Y−26.517 ;

N440　Y26.517 ;

N450　X0.　Y−37.5 ;

N460　Y37.5 ;

N470　X26.517　Y−26.517 ;

N480　Y26.517 ;

N490　X37.5　Y0. ;

N500　X53.033　Y−53.033 ;

N510　Y53.033 ;

N520　G80　M09 ;　　　　　　　　　　注销钻孔固定循环指令

N530　G00　Z150. ;　　　　　　　　　抬刀到安全高度，准备结束程
　　　　　　　　　　　　　　　　　　　序的执行

N540　M30 ;　　　　　　　　　　　　程序结束

%

子程序：

O1005 ;

N580　G02　X−74.228　Y−39.775　R25.　F100. ;

N590　G03　Y39.775　R75. ;

N600　G02　X−39.775　Y74.228　R25. ;

N610　G03　X39.775　R75. ;

N620　　G02　　X74.228　　Y39.775　　R25. ;
N630　　G03　　Y－39.775　　R75. ;
N640　　G02　　X39.775　　Y－74.228　　R25. ;
N650　　G03　　X－39.775　　R75. ;
N660　　G02　　X－78.033　　Y－53.033　　R25. ;
N670　　M99 ;
%

复习思考题

1. 什么叫做数控编程?
2. 加工程序由哪几部分组成?
3. 刀具半径左补偿及刀具半径右补偿的定义是什么? 在使用过程中应注意什么问题?
4. 如何定义子程序? 子程序的作用有哪些?

第五章

数控车削加工工艺与编程

◇◇◇ **第一节　数控车削加工工艺概述**

一、数控车床简介

数控车床按其功能，分为经济型数控车床、普及型数控车床和多功能型数控车床。此外还有车削加工中心，它们在功能上差别较大。

1. 经济型数控车床

这是一种低档数控车床，一般是用单片机或单板机进行控制的。单板机不能储存程序，所以切断一次电源就得重新输入程序，且抗干扰能力差，不便扩展功能，目前已很少采用。单片机可以储存程序，它的程序可以使用可变程序段格式，这种车床没有刀尖圆弧半径自动补偿功能，编程时计算比较烦琐。

2. 普及型数控车床

这是中档数控车床，一般具有单色显示的 CRT、程序储存和编辑功能。它的缺点是没有恒线速度的切削功能，刀尖圆弧半径自动补偿不是它的基本功能，而属于选择功能范围。

3. 多功能数控车床

这是指较高档次的数控车床，这类机床具备刀尖圆弧半径自动补偿、恒线速切削、倒角、固定循环、螺纹切削、图形显示、用户宏程序等功能。

4. 车削加工中心

车削加工中心的主体是数控车床，配有动力刀具和 C 轴功能，有的车削加工中心还配置刀库和机械手，与数控车床单机相比，自动选择和使用刀具数量大大增加。卧式车削加工中心还具有如下功能：一种是动力刀具功能，即是刀架上某一刀位或所有刀位可使用回转刀具，如铣刀和钻头；另一种是 C 轴位置控制功能，该功能能达到很高的角度定位分辨力（一般为 0.001），还能使主轴和卡盘按进给脉冲作低速的回转，这样车床就具有 X、Z 和 C 三坐标，可实现三坐标两联动控制。例如，圆柱形铣刀轴向安装，X—C 坐标联动，就可以铣削工件端面；圆柱形铣刀径向安装，Z—C 坐标联动，就可以在工件外径上铣削。由此可见，车削加工中心能铣削凸轮槽和螺旋槽，近年来出现的双轴车削加工中心在一个主轴上进行加工结束后，无需停机，工件被转移至另一根主轴上加工另一端，加工完毕后，工件除了去毛刺外，不需要其他的补充加工。

二、数控车削加工的特点

数控机床的加工特点已在第一章中初步介绍过，这里仅将与数控车削加工密切相关的内容说明如下。

1. 高难度工件加工

如图 5-1 所示为"口小肚大"的内成形面零件，在普通车床上不仅难以加工，并且还难以检测。采用数控车床加工时，其车刀刀尖运动的轨迹由加工程序控制，"高难度"由车床的数控功能即可方便地解决。

对由非圆曲线和列表曲线（如流线形曲线）构成旋转面的工件，各种非标准螺距的螺纹和变螺距的螺纹等多种特殊螺旋类零件，以及表面粗糙度要求非常均匀且表面粗糙度值又较小的变径表面类工件，都可通过数控系统所具有的同步运行及恒线速度等功能保证其加工精度要求。

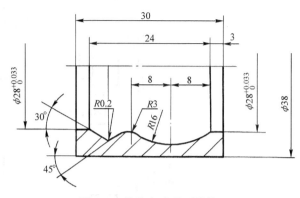

图 5-1　特殊内成形面零件

再如，在具有数控系统（如 FAGOR 8025/8030 型）的车床或某些车削加工中心上，通过使用同步刀具（即数个切削刀头可同时绕其自身轴线旋转，且具有独立动力），即可加工横截面为四边形、六边形和八边形等多棱柱类工件。

2. 高精度工件加工

复印机中的回转鼓、录像机上的磁头及激光打印机内的多面反射体等超精工件，其尺寸精度可达到 $0.01\mu m$，表面粗糙度值可达 $Ra0.02\mu m$，这些高精度工件均可在高精度的特种数控车床上加工。

3. 高效率完成加工

为了进一步提高车削加工的效率，通过增加车床的控制坐标轴，就能在一台数控车床上同时加工出两个多工序的相同或不同的工件，也便于实现一批工序特别复杂的工件的车削全过程的自动化。

图 5-2 所示为在一台六轴数控车床上，有同轴线的左右两个主轴和前后配置的两个刀架，并在一台数控系统的控制之下进行各种车削加工的示意图。其中，图 5-2a 表示前后两个刀架同时车削左右主轴上的两个相同工件；图 5-2b 表示其两个刀架分别车削两个主轴上的不同工件；图 5-2c 表示在车床左端主轴（第一主轴 C1）上装夹有待车削工件的坯件（棒料），先由前置刀架车出有复杂外（内）形轮廓的右端后，通过自动送料机构（图中未画出），将其半成品件连同棒料一起传送至右主轴（第二主轴 C2）定位并装夹，然后由后置刀架按所需总长要求切断。这时，切断后的棒料由自动送料机构将其送回左主轴上的适当位置并夹紧，再重复前述工件右端外（内）形轮廓的加工；同时，其切断后的半成品件再由后置刀架继续车削有复杂内、外形轮廓的左端，从而实现一个复杂工件全部车削过程的不间断加工，因而大大提高了加工效率。

三、数控车削加工工艺分析

确定工序和装夹方式。由于数控车床可装 6 把、12 把、20 把刀，所以无论轮廓怎样复杂，也无论毛坯是棒料还是铸锻件，一般都能用两道工序完成车削加工。但加工的顺序（即先加工哪一端后加工哪一端）和装夹的方法是很重要的，它直接影响加工工件的质量和效率。一个工件的加工方案常常有好几种，但作为操作人员应根据工件图样的技术要求和现有的数控车床特点，选择一种最佳的方案。且不论采用哪种方案，工件的原点都应选在光坯端面上，而不要选在粗毛坯的端面上。

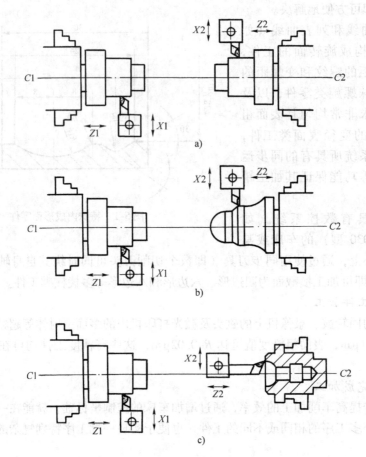

图 5-2　六轴数控车床加工示意图

a) 同时车削两个相同工件　b) 分别车削两个不同工件

c) 连续车削一批复杂工件

四、切削用量的选择

表 5-1 为数控车削加工时各种情况下的合理切削加工用量。

表 5-1　数控车削加工用量推荐表

工件材料	工作条件	背吃刀量/mm	切削速度/(m/min)	进给量/(mm/r)	刀具材料
碳素钢 >600MPa	粗加工	5～7	60～80	0.2～0.4	YT类 硬质合金
	粗加工	2～3	80～120	0.2～0.4	
	精加工	0.2～0.3	120～150	0.1～0.2	
	钻中心孔	—	500～800r/min		W18Cr4V 高速钢
	钻孔	—	～30	0.1～0.2	
	切断(宽度<5mm)	—	70～110	0.1～0.2	YT类硬质合金
铸铁 200HBW 以下	粗加工	—	50～70	0.2～0.4	YG类 硬质合金
	精加工	—	70～100	0.1～0.2	
	切断(宽度<5mm)	—	50～70	0.1～0.2	

◇◇◇ 第二节 数控车削加工固定循环功能

一、数控车削加工固定循环功能的作用

当工件外径、内径或端面上的加工余量较大时，如果采用一般车削编程方法进行编程，数控程序将很冗长；为此，数控系统厂家对加工工艺特点较强的工序设定一些模块化的指令，以简化编程，并使程序更为清晰可读。与前面基本 G 代码指令不同的是，不同品牌的数控系统循环加工指令的表达方式有所不同，在具体的使用中要查阅机床说明书。

二、常用数控车削加工固定循环功能的应用

车削加工固定循环分为外圆、端面粗、精车固定循环，钻、镗孔固定循环和螺纹加工固定循环。下面以 FANUC 0i-T 系统为例，介绍数控车床常用的固定循环功能。

1. 外圆、端面粗、精车固定循环

外圆车削固定循环有两种形式：一是单一外圆车削固定循环 G90 指令；二是复合外圆车削固定循环 G70、G71、G72、G73 指令。单一端面车削固定循环指令为 G94 指令。

（1）外径/内径单一车削循环 G90　G90 指令用于在工件的外圆柱面（圆锥面）或内孔面（内锥面）上毛坯余量较大或直接从棒料车削工件时进行精车削前的粗车削，以去除大部分毛坯余量。

1）单一圆柱面车削循环。其指令格式为：G90　X（U）__ Z（W）__ F __；循环过程包括："刀具的切入→切削→退刀→返回"一系列连续动作。X、Z 为圆柱面切削终点坐标值，U、W 为圆柱面切削终点相对于循环起始点坐标分量。

G90 指令及指令中的参数均为模态值，每指定一次，车削循环一次，指令中的参数包括坐标值，在指定另一个 G 指令（G04 指令除外）前保持不变。用 G90 进行粗车时，每次车削一层余量，再次循环时只需按车削深度依次改变 X 的坐标值，则循环过程依次重复进行，如图 5-3 所示。

例1 图5-4所示圆柱面的加工程序为

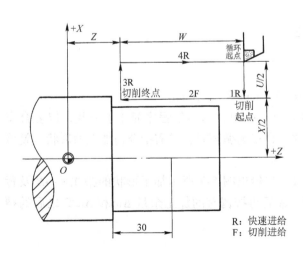

图 5-3　单一圆柱面车削循环

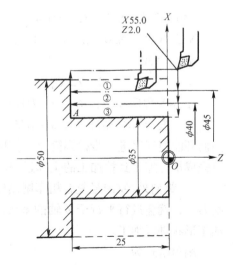

图 5-4　G90 的用法（圆柱面）

O00001

N05	G50	X200	Z200	T0101;
N10	G99	G97	G40	M03	S600;
N15	G00	X55	Z4	M08;
N20	G01	Z2	F0.2;
N25	G90	X45	Z-25;
N30	X40;
N35	X35;
N40	G00	X200	Z200	T0100;
N45	M09;
N50	M30;

%

上述程序中每次循环都是返回了出发点，因此产生了重复切削端面 A 的情况，为了提高效率，可将循环部分改为

N25　G90　X45　Z-25;

N30　G00　X47;

N35　G90　X40　Z-25;

N40　G00　X42;

N45　G90　X35　Z-25;

N50　G00　…

2）单一锥面车削循环。其指令格式为：G90　X（U）__　Z（W）__　R__　F__　; X、Z 为圆锥面切削终点坐标值。R 为圆锥面起始点半径减去终点半径的差值，有正负号。车削循环过程与圆柱面车削过程相似，如图 5-5 所示。

例 2　加工图 5-6 所示锥面的程序为

⋮

N40　G01　X65　Z2　F0.4;

N45　G90　X50　Z-35　R-5　F0.2;

N50　X50;

N55　G00　X200　Z200;

在 N45 程序段中，$R = (d - D)/2 = (40 - 50)\,mm/2 = -5mm$。

（2）复合车削循环（G70～G73）　在使用 G90 时，已经使程序简化了一些，但复合车削循环能使程序进一步得到简化。使用这些复合车削循环时，只需指令精加工的形状，就可以完成从粗加工到精加工的全部过程。

1）纵向外径/内径复合粗车削循环 G71。当给出图 5-7 所示加工形状的路线 $A \rightarrow B$ 及背吃刀量，就会进行平行于 Z 轴的多次切削，最后再按留有的加工余量 Δw 和 $\Delta u/2$ 之后的精加工形状进行加工。

编程格式为

G71　U（Δd）　R（e）;

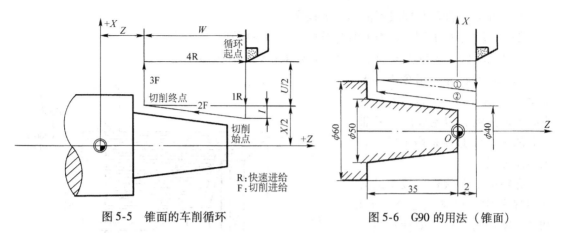

图 5-5 锥面的车削循环

图 5-6 G90 的用法（锥面）

G71 P（ns） Q（nf） U（Δu） W（Δw） F（f） S（s） T（t）；

指令中的参数含义：

Δd——背吃刀量；

e——退刀量；

ns——精加工形状程序段中的开始程序段号；

nf——精加工形状程序段中的结束程序段号；

Δu——X 轴方向精加工余量；

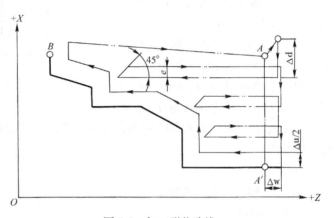

图 5-7 加工形状路线

Δw——Z 轴方向的精加工余量；

f——进给速度；

s——主轴的转速；

t——刀具号。

在此应注意外圆车削有以下类型：

① 类型一。G71 用于该类型有如下限制：

在使用 G71 进行粗加工时，只有含在 G71 程序段中的 F、S、T 功能才有效。而包含在 ns～nf 程序段中的 F、S、T 功能，即使被指定，对粗车循环也无效。

A′→B 之间必须符合 X 轴、Z 轴方向的共同单调的增大或减少的模式。

在车削循环期间，刀具半径补偿功能无效。

A→B 之间的刀具轨迹在 P 程序段中用 G00 或 G01 指定，且在该程序段中不能指定沿 Z 轴方向的移动，即第一段刀具移动指令必须垂直于 Z 轴方向。车削过程中是平行于 Z 轴方向进行的。

精车余量 Δu 和 Δw 的符号与刀具轨迹移动的方向有关，即沿刀具轨迹方向移动时，如果 X 方向坐标值单调增加，则 Δu 为正，相反为负；如果 Z 方向坐标值单调减小，则 Δu 为正，相反为负。

在 P 和 Q 之间的程序段不能调用子程序。

② 类型二。G71 用于该类型时与类型一有如下区别：

工件的轮廓在 X 轴方向的坐标值不必要求单调增加或减小。

第一段刀具移动指令不必要求垂直 Z 轴方向，可以沿着任何直线方向进给，但轮廓沿着 Z 轴方向的坐标值必须是增加的，否则不能加工。

在精加工形状程序段中的开始程序段中，必须指定 X（U）和 Z（W）的坐标，即使沿着 Z 轴方向没有移动量，也要加入 Z 轴原先的坐标或 W0。

下面以类型一为例，按图5-8所示，编写粗车循环加工程序。

粗加工的进刀量为 2mm，退刀量为 0.2mm，精车削 X 轴方向

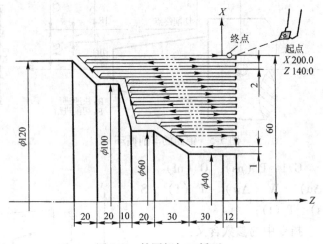

图 5-8　外圆粗加工循环

的预留量为 0.4mm，Z 轴方向的预留量为 0.2mm，粗加工时的进给量为 0.2mm/r，主轴的转速取 S650。

```
O0002;
N10  G50  X200  Z200;
N15  T0101;
N20  M03  S650;
N25  G99;
N30  G00  G40  X120  Z10  M08;
N35  G01  G42  X120  Z2  F0.2;
N40  G71  U2  R0.2;
N45  G71  P50  Q80  U0.4  W0.2;
N50  G01  X40;
N55  G01  X40  Z-30;
N60  G01  X60  Z-60;
N65  G01  X60  Z-80;
N70  G01  X100  Z-90;
N75  G01  Z-110;
N80  X120  Z-130;
N85  G00  G40  X200  Z200  T0100;
N90  M30;
%
```

2）横向外径/内径复合粗车削循环 G72。G72 与 G71 均为粗加工循环指令，而 G72 是

沿着平行于 X 轴进行切削循环加工的（图5-9），其编程格式为

G72　U（Δd）　R（e）；

G72　P（ns）　Q（nf）　U（Δu）　W（Δw）　F（f）　S（s）　T（t）；

其中参数含义与 G71 相同。

使用 G72 指令必须注意以下几点：

① 工件的轮廓从 $A' \to B$ 在 X 轴方向和 Z 轴方向上的坐标值必须是单调递增或单调递减模式。

② 从 $A \to A' \to B$ 之间的刀具轨迹在 P 程序段中要用 G00 或 G01 指令指定，且不能沿着轴 X 方向进刀，即循环中第一段刀具移动的指令是垂直于 X 轴方向进行的，车削循环的过程是始终平行于 X 轴的。

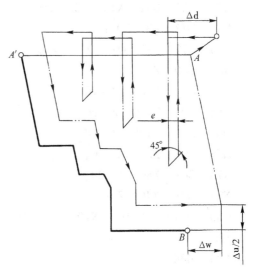

图 5-9　端面粗加工循环

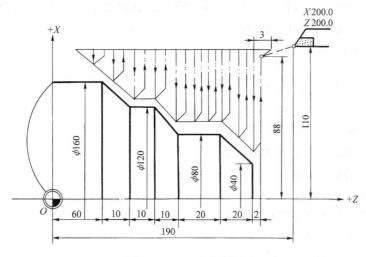

图 5-10　G72 程序例图

③ 精车余量 Δu 和 Δw 的符号与刀具轨迹移动的方向有关，即沿刀具轨迹方向移动时，如果 X 轴方向坐标值单调增加，则 Δu 为负，相反为正；如果 Z 轴方向坐标值单调减小，则 Δu 为负，相反为正。

例3　图 5-10 所示工件的加工程序为

O0004；

N05　G50　X200　Z200；

N10　T0101；

N15　M03　S650；

N20　G99；

N25　G40　G00　X162　Z10；

N30　G01　G42　X162　Z1　F0.2;
N35　G72　U3　R0.1;
N40　G72　P45　Q75　U2　W0.5;
N45　G00　Z－72;
N50　G01　X160　Z－70;
N55　G01　X120　Z－60;
N60　G01　X120　Z－50;
N65　G01　X80　Z－40;
N70　G01　X80　Z－20;
N75　G01　X40　Z0;
N80　G40　G00　X200　Z200
T0100;
N85　M30;
%

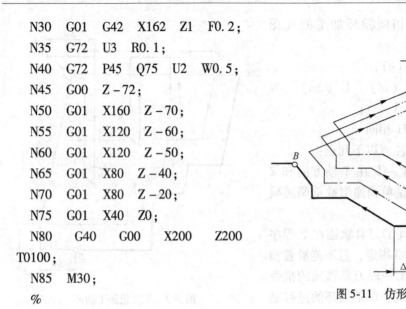

图5-11　仿形切削循环

3) 成形切削循环G73。仿形切削循环也称为封闭切削循环。就是按照一定的切削形状逐渐地接近最终形状。这种方式对于铸造或锻造毛坯的切削是一种很好的切削方法。

G73的循环方式如图5-11所示。

编程格式为

G73　U (i)　W (k)　R (d);
G73　P (ns)　Q (nf)　U (Δu)　W (Δw)　F (f)　S (s)　T (t);

指令中的参数含义:

i——X 轴上的总退刀量 (半径值);

k——Z 轴上的总退刀量;

d——重复加工的次数。

其余参数含义与 G71 相同。采用 G73 时,与 G71、G72 一样,从程序段号 ns 到 nf 之间包括的任何 F、S、T 功能都是无效的,只有 G73 指令中指定的 F、S、T 才是有效的。精车削预留量 Δu 和 Δw 的符号与 G71 指令的确定方法相同。

例4　如图 5-12 所示,试按图示尺寸编写粗车循环加工程序。

粗加工的 X 轴方向上的总退刀量为 9.5mm,Z 轴方向上的总退刀量为 9.5mm,精车削 X 轴方向的预留量为 1mm,Z 轴方向的预留量为 0.5mm,粗加工时的进给量为

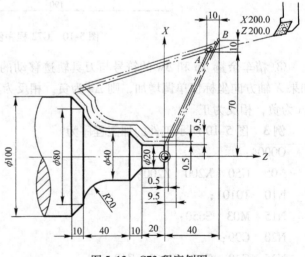

图5-12　G73 程序例图

0.3mm/r，分割次数为3，主轴的转速取S650。

加工程序：

O0005；

N05　G50　X200　Z200；

N10　T0101；

N15　M03　S650；

N20　G99；

N25　M08；

N30　G40　G00　X105　Z8；

N35　G42　G01　X105　Z5　F0.3；

N40　G73　U9.5　W9.5　R3；

N45　G73　P50　Q80　U1　W0.5；

N50　G00　X20　Z1；

N55　G01　X20　Z-20；

N60　G01　X40　Z-30；

N65　G01　X40　Z-50；

N70　G02　X80　Z-70　R20；

N75　G01　X100　Z-80；

N80　G01　X105；

N85　G00　G40　X200　Z200　T0100；

N90　M09；

N95　M30；

%

4）精加工循环指令G70。由G71、G72、G73完成粗加工后，可以用G70进行精加工。编程格式为

G70　P（ns）　Q（nf）　U（Δu）　W（Δw）；

指令中的参数含义：

ns——精加工形状程序段中的开始程序段号；

nf——精加工形状程序段中的结束程序段号；

Δu——X轴方向精加工余量；

Δw——Z轴方向的精加工余量。

注意：指定车削余量U和W可以分几次进行精车。

编程格式G70　P（ns）　Q（nf）表示只精车一次。

在精加工时，应设置相应的精加工主轴转速及进给速度。

以图5-12的程序为例，在N80程序段之后再加上：

N81　M03　S900；

N82　G70　P50　Q80；

就可以完成从粗加工到精加工的全过程。

2. 钻、镗孔固定循环

1）钻孔循环有高速啄式钻孔循环 G83/G87 和深孔钻削循环 G74。

① 高速啄式钻孔循环（G83/G87）。G83 为端面钻孔，G87 为侧面钻孔，该钻孔循环工作过程如图 5-13 所示，由于每次钻孔退刀时不退到 R 平面，故可以提高效率，节约大量的空运行时间，这种钻孔适合于高速钻深孔。

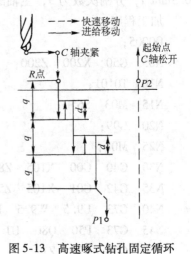

图 5-13 高速啄式钻孔固定循环

编程格式：

G83　X(U)＿　C(H)＿　Z(W)＿　R＿　Q＿　P＿　F＿　M＿　K＿；

G87　Z(W)＿　C(H)＿　X(U)＿　R＿　Q＿　P＿　F＿　M＿　K＿；

指令中的参数含义：

X(U)＿　C(H)或Z(W)＿　C(H)：孔位置坐标。

Z（W）＿或X(U)＿：孔底部坐标，以相对坐标 W 或 U 表示时为 R 点到孔底的距离。

R＿：初始点到 R 点的距离，有正负号。

Q＿每次钻孔深度，以 1/1000mm 表示。

P＿：刀具在孔底停留延迟时间。

F＿：钻孔进给速度，以 mm/min 表示。

K＿：钻孔重复次数，默认 K＝1。

M＿：C 轴夹紧 M 代码。

例5　如图 5-14 所示的工件在周向有 4 个孔，孔间夹角均为 90°，可采用 G83 指令来钻削，每次钻孔时保持其余参数不变，只改变 C 轴旋转角度，则已指定的钻孔指令可重复执行，数控程序如下：

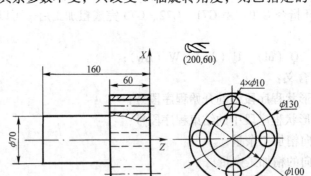

图 5-14　G83 指令钻削周向分布轴向孔

...

N40　G98　M18；

N45　M03　S2000；

N50　G00　Z30；

N55　G83　X100　C0　Z－65　R－10　Q5000　F5　M89；

N60　C90　M89；

N65　C180　M89；

N70　C270　M89；

N75　G80　M05；

N80　G99　M17；

N85　G00　X200　Z200；

N90　M30；

%

② 深孔钻削循环 G74。其编程格式为

G74　R（e）__；

G74　Z（w）__　Q（Δk）__　F（f）__；

指令中的参数含义：

　　　　e——退刀量；

　　Z（w）——钻削深度；

　　　Δk——每次钻削行程长度（无符号指定）；

　　　　f——进给量。

例 6　图 5-15 深孔钻削循环程序为

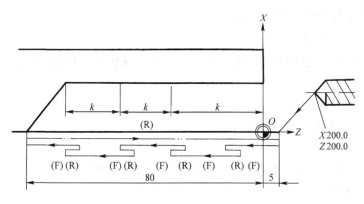

图 5-15　G74 钻孔例图

O0006；

N5　G50　X200　Z200；

N10　T0202；

N15　M03　S500；

N20　G99；

N25　M08；

N30　G00　G40　X0　Z5；

N35　G74　R1；

N40　G74　Z－80　Q20　F0.1；

N45　G00　X200　Z100　T0200；

N50　M09；

N55　M30；

%

2）镗孔的固定循环。分为端面镗孔固定循环 G85 和侧面镗孔固定循环 G89。镗孔的固定循环工作方式如图 5-16 所示。

编程格式为

G85　X（U）___　C（H）___　Z（W）___　R___
Q___　P___　F___　M___　K___；
G89　Z（W）___　C（H）___　X（U）___　R___
Q___　P___　F___　M___　K___；

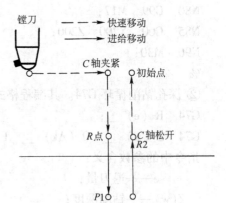

图 5-16　镗孔固定循环

指令中参数的含义：

X（U）___　C（H）___或 Z（W）___　C（H）___：孔位置坐标。

Z（W）___或 X（U）___：孔底部坐标，以相对坐标 W 或 U 表示时为 R 点到孔底的距离。

R___：初始点到 R 点的距离，有正负号。

P___：刀具在孔底停留延迟时间。

F___：钻孔进给速度，以 mm/min 表示。

K___：钻孔重复次数，默认 K=1。

M___：C 轴夹紧 M 代码。

例 7　如图 5-14 所示的零件，也可采用 G85 指令来镗孔，其加工程序如下：

…
N40　G98　M18；
N45　M03　S2000；
N50　G00　Z30；
N55　G85　X100　C0　Z-65　R-10　P500　F5　M89；
N60　C90　M89；
N65　C180　M89；
N70　C270　M89；
N75　G80　M05；
N80　G99　M17；
N85　G00　X200　Z200；
N90　M30；
%

3. 螺纹加工固定循环

螺纹车削固定循环有两种形式：一是单线螺纹车削固定循环 G92 指令，另一是多线螺纹车削固定循环 G76 指令。下面介绍常用的形式（G92 循环）。

使用单线螺纹车削固定循环 G92 时，可以将螺纹切削过程中，从始点出发"切入→切螺纹→让刀→还回始点"的 4 个动作作为一个循环用一个程序段指令，每指定一次，螺纹车削自动进行一次循环。其加工过程如图 5-17 所示。编程格式为：

G92　X(U) ___ Z(W) ___ F ___;

G92　X(U) ___ Z(W) ___ R ___ F ___;

指令中参数的含义：

X(U) 和 Z(W)：螺纹终点坐标。

F：螺纹的螺距。

R：锥螺纹两端的半径差，起点的半径与终点的半径差值，有正负号。

例8　如图 5-18 所示圆柱螺纹用 G92 指令编程如下：

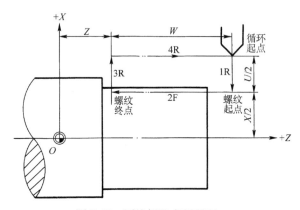

图 5-17　圆柱螺纹车削循环

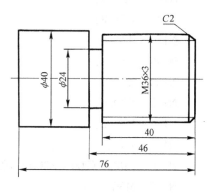

图 5-18　G92 用法（圆柱螺纹车削循环）

O0007;

N5　G50　X200　Z200;

N10　T0101;

N15　M03;

N20　S650;

N25　G99;

N30　G40　G00　X42　Z8;

N35　G42　G01　X40　Z1　F0.2;

N40　G71　U1　R0.1;

N45　G71　P50　Q70　U0　W0;

N50　G01　X30;

N55　G01　X36　Z-2;

N60　G01　Z-46;

N65　G01　X40;

N70　G01　Z-76;

N75　G40　G00　X200　Z200　T0100;

N80　T0202　S400;

N85　G00　X42　Z-46;

N90　G01　X24　F0.12;

N95　G04　X2;

N100　G01　X42　F0.4;

N105 G00 X200 Z200 T0200;
N110 T0303;
N115 M03 S450;
N120 G00 X37 Z2;
N125 G92 X35 Z–43 F3;
N130 X34;
N135 X33.2;
N140 X32.4;
N145 X31.8;
N150 X31.6;
N155 X31.2;
N160 X31;
N165 X30.6;
N170 X30.2;
N175 X30;
N180 G00 X200 Z200 T0300;
N185 M30;
%

◇◇◇ 第三节 典型工件的数控车削加工工艺与编程

一、堵头的车削加工

1. 工艺分析与处理

（1）零件几何特点分析 如图 5-19 所示，该零件由外圆柱面、球面、槽和螺纹组成，其几何形状为圆柱形的轴类零件，零件的径向尺寸与轴向尺寸都有精度要求，表面粗糙度值为 $Ra1.6\mu m$，需采用粗、精加工达到零件精度要求。

（2）工艺处理

1）选择毛坯：根据零件结构选择 $\phi40mm \times 95mm$ 的棒料，材料为 45 钢。

2）选择设备：选用 CK6136 数控机床（FANUC 系统即可）。

3）工件装夹：以外圆为定位基准，用自定心卡盘装夹。

4）加工路线的确定：根据零件的精度要求，其加工步骤如下：

① 车端面，采用 G94 指令。

② 粗车外圆柱面，采用 G71 指令。

③ 精车外圆柱面，采用 G70 指令。

④ 车槽。

⑤ 车螺纹，采用 G92 指令（G92 主要用于循环次数不多的螺纹切削）。

⑥ 切断。

5）各工步所用刀具及切削参数见表 5-2。

6）量具选用：卡尺、千分尺、螺纹量规、R 规等。

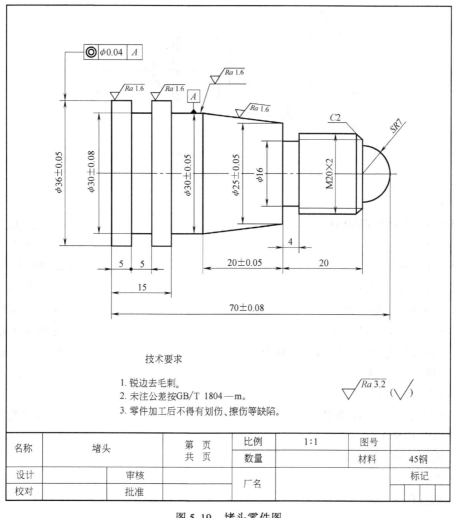

技术要求

1. 锐边去毛刺。
2. 未注公差按GB/T 1804—m。
3. 零件加工后不得有划伤、擦伤等缺陷。

$\sqrt{Ra\,3.2}$ ($\sqrt{}$)

名称		堵头		第　页 共　页	比例		1:1	图号	
					数量			材料	45钢
设计			审核		厂名			标记	
校对			批准						

图 5-19　堵头零件图

7）编制加工程序

① 建立工件坐标系如图 5-20 所示。

表 5-2　各工步所用刀具及切削参数

序号	加　工　面	刀具号	刀具规格		主轴转速	进给速度
			类型	材料	$n/(\mathrm{r/min})$	$v/(\mathrm{mm/min})$
1	端面	T01	90°外圆车刀		500	60
2	粗车外圆柱面与球面	T01	90°外圆车刀		500	100
3	精车外圆柱面与球面	T02	90°外圆车刀	硬质 合金	1000	40
4	外径槽	T03	车槽刀（刀宽4mm）		400	40
5	车螺纹	T04	60°的螺纹车刀		400	800
6	切断	T03	切断刀（刀宽4mm）		400	40

② 参考程序：

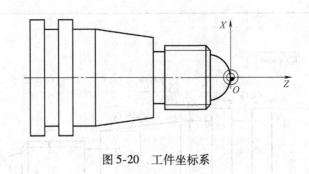

图 5-20　工件坐标系

%

O0006;

N05 G00 X100.0 Z100.0;	到达换刀点
N10 T0100;	换 1 号刀
N15 M03 S500;	主轴顺时针旋转
N20 G00 X50.0 Z2;	刀具定位
N25 G94 X – 1 Z0 F60;	端面车削循环
N30 G71 U2.0 R1.0;	轮廓粗车循环
N35 G71 P20 Q40 U0.5 W0.2 F100;	轮廓粗车循环
N40 G00 X0 S1000;	刀具定位
N45 G01 Z0 F40;	
N50 G03 X14.0 Z – 7.0 R7.0;	逆圆弧加工
N55 G01 X16.0;	
N60 X20.0 W – 2.0;	
N65 Z – 27.0;	
N70 X25.0;	
N75 X30.0 W – 20.0;	
N80 W – 8;	
N85 X36.0;	
N90 W – 15.0;	
N95 X42;	
N100 G00 X100.0 Z100.0;	换刀点
N105 T0202;	换 2 号刀
N110 G00 X40.0　Z2;	定位刀具
N115 G70 P40 Q95;	精加工循环
N120 G00 X100.0 Z100.0;	换刀点
N125 T0200;	取消 2 号刀补
N130 T0303;	换 3 号刀
N135 G00 X30.0 Z – 27.0 S400;	刀具定位
N140 G01 X16.0 F40;	

N145 G04 X2.0；   暂停2s

N150 G01 X40.0 F150；

N155 G00 Z－65.0；

N160 G01 X30.0 F30

N165 G04 X2.0；   暂停2s

N170 G01 X40.0 F150；

N175 W1；

N180 G01 X36.0 F40；   暂停2s

N185 G04 X2.0；

N190 G01 X40.0 F150；

N195 G00 X100.0 Z100.0；   换刀点

N200 T0300；   取消3号刀补

N205 T0404；   换4号刀

N210 G00 X24.0   Z－4   S400；   刀具定位

N215 G92 X19.1 Z－25 F2；   螺纹切削循环

N220 X18.5；

N225 X17.9；

N230 X17.5，

N235 X17.4

N240 G00 X100.0 Z100.0   换刀点

N245 T0400；   取消4号刀补

N250 T0303；   换3号刀

N255 G00 X45.0 Z－74.0；   刀具定位

N260 G01 X2   F40   S400；   刀具定位

N265 G01 X40.0   F150；

N270 G00 X100.0 Z100.0；   换刀点

N275 T0300；   取消3号刀补

N280 M05；   主轴停止

N285 M30；   程序结束

%

2. 加工注意事项

1）换刀时不要与工件产生撞击。

2）车退刀槽时注意进给速度不要太快。

3）加工螺纹时，要有刀具的引入长度 Δ_1 和超越长度 Δ_2。

4）精车与粗车的加工进给速度与转速的改变。

二、螺纹轴的车削加工

1. 工艺分析与处理

（1）零件工艺分析 如图5-21所示，该零件由外圆、内孔、圆弧和外螺纹等表面组成，零件尺寸标注完整，轮廓描述清楚，符合数控加工的要求。其中，外圆、内孔的直径尺寸精度和表面粗糙度要求较高，必须分粗、精加工才能达到要求。根据该零件的结构，应该分两次装夹完成加工。另外，零件两端有较高的同轴度要求，调头装夹时一定要用指示表找正，保证精度要求。零件材料为 2A12，切削性能较好，无热处理和硬度要求。

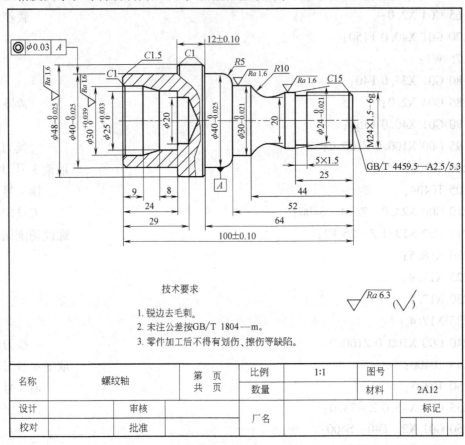

图 5-21　螺纹轴零件图

（2）工艺处理

1）选择毛坯：根据零件结构选择 $\phi50\text{mm} \times 130\text{mm}$ 的棒料，材料为硬铝。

2）选择设备：选用 CK6136 数控车床（FANUC 系统）。

3）工件装夹：车削工件左端时，以外圆为基准，用自定心卡盘装夹。在二次装夹车削工件右端时，由于工件伸出较长，且右端直径较小，刚性较差，可用一夹一顶的方法装夹；另外，装夹时一定要用指示表找正，保证零件两端的同轴度要求。

4）工艺路线安排如下：

① 工序1：下料，锯削 $\phi50\text{mm} \times 130\text{mm}$ 的棒料（选用锯床）。

② 工序2：车基准，钻中心孔。

a. 车端面及外圆（采用手动数据输入，MDI 方式）。

b. 钻中心孔（利用尾座手动操作）。

③ 工序3：车削工件左端。

a. 调头装夹工件，伸出卡盘长度 50mm。

b. 粗、精加工左端各外圆及内孔（详见工序卡片）。

④ 工序4：车削工件右端。

a. 调头，采用一夹（夹工件 ϕ40mm 外圆处）一顶方式。

b. 粗、精加工右端各外圆及螺纹（详见工序卡片）。

⑤ 工序5：检验精度。

产品型号			机械加工工序卡片		工厂	
零件名称					车间	
零件图号					第 页	共 页
工序名称	车削工件左端	设备	CK6136 数控车床	材料		2A12
工序编号	工序3	夹具	自定心卡盘	材料规格		ϕ50mm 棒料

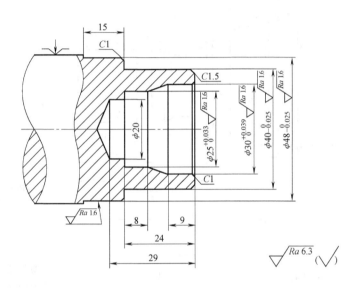

工步号	工步内容	刀具号	背吃刀量 /mm	主轴转速 /(r/min)	进给速度 /(mm/min)	备注
1	用自定心卡盘装夹已车削的工件外圆表面,伸出长度50mm					
2	车端面(MDI方式)					
3	钻ϕ20mm孔(利用尾座手动操作)	ϕ20mm 钻头				
4	粗镗各台阶孔	T4(内孔粗镗刀)	1	600	100	
5	精镗各台阶孔到尺寸要求	T5(内孔精镗刀)	0.15	1000	60	
6	粗车外圆各表面	T1(55°可转位粗车刀)	2.5	800	150	
7	精车外圆各表面到尺寸要求	T2(55°可转位精车刀)	0.25	1000	100	
		编制		批准		文件编号
		校对				
		审核				
更改号	文件号	签字	日期			

产品型号			机械加工工序卡片			工厂	
零件名称						车间	
零件图号						第 页 共 页	
工序名称	车削工件右端	设备	CK6136数控车床		材料		2A12
工序编号	工序4	夹具	自定心卡盘及尾座		材料规格		φ50mm棒料

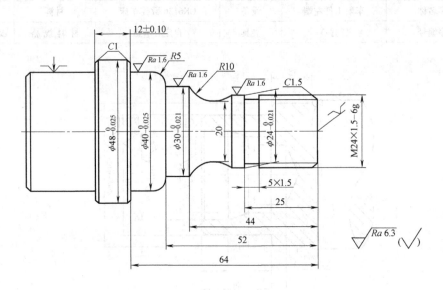

工步号	工步内容	刀具号	背吃刀量/mm	主轴转速/(r/min)	进给速度/(mm/min)	备注
1	一夹一顶方式装夹工件,夹φ40mm 外圆处,并用指示表找正					
2	车端面保证零件总长	T1(55°可转位粗车刀)		800	80	
3	粗车零件右端轮廓	T1(55°可转位粗车刀)	3	800	150	
4	车退刀槽至尺寸要求	T3(4mm车槽刀)		600	60	
5	粗车螺纹	T6(60°外螺纹车刀)	0.3	400	1.5mm/r	
6	精车右端轮廓至尺寸要求	T1(55°可转位精车刀)	0.25	1000	80	
7	精修螺纹至尺寸要求	T6(60°外螺纹车刀)	0.2	400	1.5mm/r	
		编制		批准		文件编号
		校对				
		审核				
更改号	文件号 签字 日期					

5）各工步所用刀具见表5-3。

表5-3 各工步所用刀具

序号	加工面	刀具号	刀具规格	
			类型	材料
1	钻孔 φ20mm		φ20mm 麻花钻	高速钢
2	粗镗内孔	T4	内孔粗镗刀	
3	精镗内孔	T5	内孔精镗刀	
4	车端面及粗车外轮廓	T1	55°可转位粗车刀	
5	精车外轮廓	T2	55°可转位精车刀	
6	车螺纹退刀槽	T3	车槽刀（刀宽4mm）	
7	车 M24×1.5 螺纹	T6	60°外螺纹车刀	
8	切断	T3	切断刀（刀宽4mm）	

6）量具选用：千分尺、游标卡尺、游标深度卡尺、内径指示表、外径指示表及磁性表座等。

7）编制加工程序。该零件外轮廓尺寸偏差方向一致，内孔尺寸偏差方向也一致，编程时可按基本尺寸编程。

① 加工工件左端轮廓及内孔时，建立工件坐标系（图5-22）及参考程序如下：

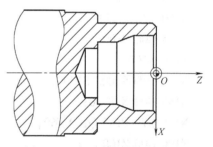

图5-22 建立工件坐标系（一）

%
N05 O0001；　　　　　　　　　　　　　　　　程序名
N10 G54　G98；　　　　设定工件坐标系，将进给单位改为 mm/min
N15 T0101 M03 S800；　　换1号刀，主轴正转，线速度为 800m/min
N20 G00 X52　Z0；　　　　　　　　　　快速移动到加工起点
N25 G94 X－1 Z0　F80；　　　　　　　　　端面粗车循环
N30 G71 U2.5 R1；　　　　　　　　　　　外轮廓粗车循环
N35 G71 P10 Q20 U0.5 W0 F150；　　　　　外轮廓粗车循环
N40 G00 Z0 S1000；
N45 G01 X37；
N50 X40 Z－1.5；
N55 Z－24；
N60 X46；
N65 X48 Z－25；
N70 Z－39；
N75 G00 X100；
N80 Z100；　　　　　　　　　　　　　　　换刀点
N85 T0202 M03 S1000；　换2号刀，主轴正转，线速度为 1000m/min
N90 G00 X52 Z0；　　　　　　　　　　快速移动到加工起点

N95 G70 P40 Q70 F100;   外轮廓精车循环

N100 G00 X100;

N105 Z100;   换刀点

N110 M03 S400;   主轴正转，线速度为400m/min，钻φ20mm的孔

N115 T0404 M03 S600;   换4号刀，主轴正转，线速度为600m/min

N120 G00 X18 Z0;   快速移动到加工起点

N125 G71 U1 R1;   内轮廓粗车循环

N130 G71P30 Q40 U−0.3 W0 F100;   内轮廓粗车循环

N135 N30 G01 X32;

N140 X30 Z−1;

N145 Z−9;

N150 X25 Z−16;

N155 Z−24;

N160 N40   X20;

N165 G00 Z100;

N170 X100;   换刀点

N175 T0505 M03 S1000;   换5号刀，主轴正转，线速度为1000m/min

N180 G00 X18 Z0;   快速移动到加工起点

N185 G70 P135 Q160 F60;   内轮廓精车循环

N190 G00 Z100;

N195 X100;   换刀点

N200 M05;   主轴停止

N205 M30;   程序结束

%

② 加工工件右端轮廓及螺纹时，建立工件坐标系（图5-23）及参考程序如下：

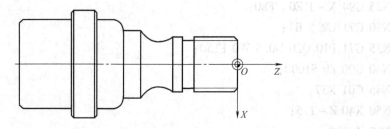

图5-23   建立工件坐标系（二）

%

N05 O0002;   程序名

N10 G54   G98;   设定工件坐标系，将进给单位改为mm/min

N15 T0101 M03 S800;   换1号刀，主轴正转，线速度为800m/min

N20 G00 X52   Z0;   快速移动到加工起点

N25 G01 X−1   F80;   车端面

N30 G00 X52 Z0；

N35 G73 U5 W0 R10；　　　　　　　　　　　　　外轮廓粗车循环

N40 G73P45 Q80 U0.5 W0 F150；　　　　　　　　外轮廓粗车循环

N45 G01 X21；

N50 X24 Z – 1.5；

N55 Z – 29.34；

N60 G02 X30 Z – 44 R10；

N65 G01 Z – 52；

N70 G03 X40 Z – 57 R5；

N75 G01 Z – 64；

N80 X48 Z – 65；

N85 G00 X150；

N90 Z0；　　　　　　　　　　　　　　　　　　换刀点

N95 T0101 M03 S1000；　　　　　换1号刀，主轴正转，线速度为1000m/min

N100 G00 X52 Z0；　　　　　　　　　　　　快速移动到加工起点

N105 G70 P45 Q80 F100；　　　　　　　　　　外轮廓精车循环

N110 G00 X150；

N115 Z0；　　　　　　　　　　　　　　　　　换刀点

N120 T0303 M03 S600；　　　　　　换3号刀，主轴正转，线速度为600m/min

N125 G00 X30 Z – 25；　　　　　　　　　　快速移动到加工起点

N130 G01 X21.5 F60；　　　　　　　　　　　车退刀槽

N135 G00 X30；

N140 Z – 24；　　　　　　　　　　　　　　快速移动到加工起点

N145 G01 X21；　　　　　　　　　　　　　车退刀槽

N150 Z – 25；　　　　　　　　　　　　　　车槽底

N155 G00 X150；

N160 Z0；　　　　　　　　　　　　　　　　换刀点

N165 T0606 M03 S400；　　　　　　换6号刀，主轴正转，线速度为400m/min

N170 G00 X24 Z2；　　　　　　　　　　　快速移动到加工起点

N175 G92 X23.7 Z – 24 F1.5；　　　　　　　外螺纹循环

N180 X23.4；

N185 X23.1；

N190 X22.8；

N195 X22.5；

N200 X22.2；

N205 X22.05；

N210 X22.05；

N215 G00 X150；

N220 Z0；　　　　　　　　　　　　　　　　换刀点

N225 M05；　　　　　　　　　　　　　　　　主轴停止

N230 M30;
程序结束
%

2. 注意事项

1）用一夹一顶的方法装夹工件时，换刀点的位置要恰当，不能与工件产生碰撞。

2）车退刀槽时，注意进给速度不要太快。

3）选用和安装可转位刀片时，注意刀具副偏角的大小，以免切削时与工件发生干涉。

复习思考题

1. 数控车床分为哪些种类？

2. 数控车削加工的特点有哪些？

3. 根据图5-24、图5-25、图5-26所示的零件，按绝对坐标编程方式与增量坐标编程方式，采用直线插补指令、圆弧插补指令分别编写其数控车削精加工程序。

4. 对图5-27所示工件，先粗车去除大量的毛坯余量后再进行精车，试分别编写其粗车和精车加工的数控程序。

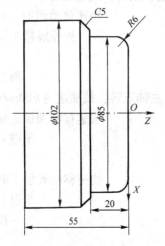

图5-24 车削工件图样（一）

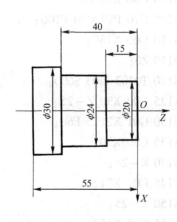

图5-25 车削工件图样（二）

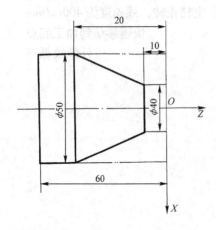

图5-26 车削工件图样（三）

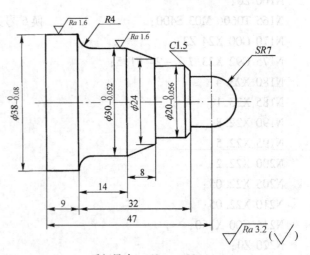

毛坯尺寸：$\phi40mm \times 56mm$

图5-27 车削工件图样（四）

第六章

数控镗铣削及加工中心加工工艺与编程

◇◇◇ **第一节　数控镗铣削及加工中心加工工艺概述**

一、数控铣削加工工艺与编程

数控铣床是一种加工功能很强的数控机床，目前迅速发展起来的加工中心、柔性加工单元等，都是在数控铣床、数控镗床的基础上产生的，两者都离不开铣削方式。下面以FANUC-0i系统数控铣床为例，介绍数控铣床的功能、工艺分析和典型工件的程序编制。

1. 数控铣床的主要功能

数控铣床也像通用铣床那样，可以分为立式、卧式和立卧两用式数控铣床，各类铣床配置的数控系统不同，其功能也不尽相同。除各有其特点外，常具有下列主要功能：

（1）点位控制功能　利用这一功能，数控铣床可以进行只需要作点位控制的钻孔、扩孔、锪孔、铰孔和镗孔等加工。

（2）连续轮廓控制功能　数控铣床通过直线与圆弧插补，可以实现对刀具运动轨迹的连续轮廓控制，加工出由直线和圆弧两种几何要素构成的平面轮廓工件。对非圆曲线构成的平面轮廓，在经过直线或圆弧逼近后也可以加工。除此之外，还可以加工一些空间曲面。

（3）刀具半径自动补偿功能　使用该功能，在编程时可以方便地按工件实际轮廓形状和尺寸进行编程计算，而加工中可以使刀具中心自动偏离工件轮廓一个刀具半径，加工出符合要求的轮廓表面。还可以利用改变刀具半径补偿值的方法，以同一加工程序实现分层铣削和粗、精加工或用于提高加工精度等。

（4）刀具长度补偿　利用该功能，可以自动改变切削平面高度，还可以弥补轴向对刀误差。

（5）镜像加工功能　镜像加工也称为轴对称加工。对于一个轴对称形状的工件来说，只要编出一半形状的加工程序就可以完成全部加工。

（6）固定循环功能　利用数控铣床对孔进行钻、扩、锪、铰和镗加工时，可以对这些典型化动作，专门设计一段程序（子程序），在需要时进行调用来实现上述加工循环，这样可以大大简化程序。另外，在进行铣整圆、方槽等典型工件时，也可实现循环加工。

（7）特殊功能　有些数控铣床增加了计算机仿形加工装置，可以在数控和靠模两种控制方式中任选一种进行加工，扩大了机床使用范围。

2. 数控铣床的主要加工对象

铣削是机械加工中最常用的加工方法之一，主要包括平面铣削和轮廓铣削，也可以对工件进行钻、扩、锪、铰和镗孔加工与攻螺纹等。在铣削加工中，它特别适用于加工下列几类工件：

（1）平面类工件　是指加工平面平行、垂直于水平面或其加工面与水平面的夹角为定值的工件。目前在数控铣床上加工的绝大多数属于平面类工件。图6-1a、b、c所示的3个工件都属于平面类工件。

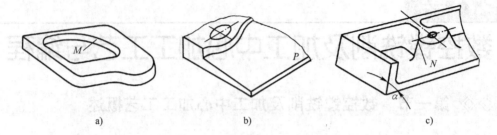

图6-1　平面类工件

a) 曲线轮廓面 M 垂直于水平面　b) 斜面 P 与水平面成定角　c) 正圆锥面 N 与水平面成定角

（2）变斜角类工件　加工面与水平面的夹角呈连续变化的工件，称为变斜角类工件。图6-2是飞机上用的一种变斜角梁缘条，第2肋至第5肋的斜角 α 从3°10′均匀地变化为2°32′；第5肋至第9肋再均匀地变化为1°20′；第9肋至第12肋又均匀地变化至0°。

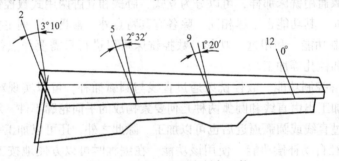

图6-2　飞机上用的变斜角工件

（3）曲面类（立体类）工件　加工面为空间曲面的工件，称为曲面类工件。加工曲面类工件一般应采用三坐标数控铣床。

3. 数控铣床加工工艺分析

无论是普通铣床加工还是数控铣床加工，无论是手工编程还是自动编程，在编程前都要对所加工的工件进行工艺过程分析，拟订加工方案，确定加工路线和加工方法、内容，选择合适的刀具和切削参数（进给速度 F、主轴转速 S、吃刀量 Z 等），设计合适的工装夹具及合理的装夹方法。在编程中，对一些特殊的工艺问题（如对刀点、刀具补正、切削轨迹路线设计等），也应做一定的合理设计和特殊处理，因此，在编程中工艺分析方法是一项很重要的工作。

数控铣床加工工艺与普通铣床加工工艺在原则上基本相同，但数控铣床加工的整个过程是自动进行的，因而又有其独自的特点，例如：

1）数控铣床加工的工序内容比普通铣床加工的工序内容复杂。由于数控铣床比普通铣床价格昂贵，若只加工简单工序则在经济上不合算，所以在数控铣床上通常安排较复杂的工序，甚至在普通铣床上难以完成的加工工序。

2）数控铣床加工工艺及程序的编制比普通铣床加工工艺规程的编制复杂，这是因为在普通铣床的加工工艺中不必考虑的问题，如工序内工步的安排、对刀点、换刀点及加工路线的确定问题，在编制数控铣床加工工艺时却不能忽略。

3）普通铣床加工时的装夹定位方式在数控铣床加工中不一定完全适用，反之亦然。这是由于数控铣床自身所具备的机床特性所决定的。例如盘类工件加工中心等分度孔，在数控铣床上只需简单装夹压平，找正中心，数控铣床按程序指令自动并精确串动各孔中心距或用极坐标角度法即可保证工件加工质量，而在普通铣床上如不使用分度头装夹则很难保证其加工质量。

4）对于数控铣床加工工艺的主要内容，应根据实际应用需要及工件加工特征确定。数控铣床加工工艺主要包括以下内容：

① 选择并决定工件适合在数控铣床上加工的内容。

遵循原则：复杂或普通铣床无法加工的工序内容。

② 对工件加工图样进行数控铣床加工工艺分析，明确加工内容，加工尺寸及技术要求。

遵循原则：确定好加工的工步安排，尽量在加工内容完成的前提下减少由于重复装夹等因素造成的加工误差。

③ 具体设计加工工序，选择刀具、工装夹具及切削参数（主轴转速 S、进给量 F、切削次数及粗、精加工余量的合理分配）。

遵循原则：在安全生产的前提下，尽量使用、分配大的刀具和大的切削量，在保证加工质量的要求下，尽量减少精加工的次数，从而减少刀具磨损和提高工效。

④ 处理特殊的工艺问题，如程序编制中对刀点、刀具补偿路线、切削引入和引出线、加工路线的确定、分配加工误差等。

遵循原则：在正确分析加工工艺路线的前提下，灵活使用刀具补偿路线、切削引入和引出线，将对提高工件加工质量、改善加工条件起到良好的作用。

⑤ 处理数控铣床上部分特殊加工指令，编制工艺文件。

遵循原则：查阅所使用数控铣床的使用说明书，按各生产厂家自行规定的指令代码格式编制特殊指令，提高生产率并编制最终加工工艺文件。

二、镗铣削加工中心加工工艺与编程

1. 加工中心的功能

加工中心是一种功能较全的数控加工机床，一般来说它是将铣削、镗削、钻削、攻螺纹等功能集中在一台设备上，使其具有多种工艺手段。加工中心配置有刀库，在加工过程中由程序控制选用和更换刀具。加工中心除具有直线插补和圆弧插补功能外，还具有各种加工固定循环、刀具半径自动补偿、刀具长度自动补偿、在线检测、刀具寿命管理、故障自动诊断、加工过程图形显示、人机对话、离线编程等功能。

2. 加工中心加工工艺的分析

在加工中心上加工工件，其工艺分析基本上与数控铣床相似，但有部分区别，其主要考虑以下几个方面：

1）分析工件结构，首先要分析工件结构、加工内容等是否适合加工中心加工。

2）计算工件的生产量，根据工件的生产量考虑组织形式，选用经济合理的加工方法和生产设备。

3）检查工件图的完整性和正确性。

4）检查、分析装夹基准。

5）分析工件的加工精度和技术要求。

3. 审查工件的工艺性

在审查工件的结构工艺性时，主要考虑以下几点：

1）工件本身的结构刚性是否满足要求，这是选择工件装夹形式的基础。

2）分析工件毛坯在定位、装夹时的适应性，要注意毛坯在定位、装夹时的可靠性与方便程度。

3）工件薄弱部位的结构工艺性是否合理，这是制订工件工艺方案的基础。

4. 分析工件的设计功能

研究分析工件与部件或产品的关系，从而认识工件的加工质量对整个产品质量的影响，并确定工件的关键加工部位和精度要求较高的加工表面等。

◇◇◇ 第二节 数控镗铣削及加工中心编程指令

一、数控铣床镗、铣、钻、铰加工指令应用

钻、镗、铰、攻螺纹固定循环（以 FAMUC 0i-M 系统为例）在固定循环指令中，通常由 7 个动作顺序组成整个循环过程：

1）X 轴坐标和 Y 轴坐标快速定位。

2）快速运动到指定参考高度 R。

3）完成加工过程，钻、镗、铰、攻螺纹动作。

4）在孔底的相应动作。

5）退回至 R 高度（快退或工作进给退回）。

6）快速定位到下一加工位置 X 轴坐标和 Y 轴坐标。

7）如全部加工完成，返回到参考高度 R，等待下段指令。

常用固定循环指令见表 6-1。

表 6-1　常用固定循环指令

序号	G 代码格式							孔的加工动作（−Z 方向）	在孔底的动作	刀具返回方式（+Z 方向）	指令用途
1	G73	X__	Y__	Z__	R__	Q__	F__	步进式进给		快速进给	往复断屑式钻削
2	G74	X__	Y__	Z__	R__	F__		切削进给	主轴正转	切削进给	攻左螺纹
3	G76	X__	Y__	Z__	R__	Q__	P__ F__	切削进给	主轴正向停止	快速进给	精镗孔
4	G80										注销固定循环指令
5	G81	X__	Y__	Z__	R__	F__		切削进给		快速进给	一般点位钻削
6	G82	X__	Y__	Z__	R__	P__	F__	切削进给	主轴暂停	快速进给	一般点位钻削及锪孔
7	G83	X__	Y__	Z__	R__	Q__	F__	步进式进给		快速进给	往复步进式钻削
8	G84	X__	Y__	Z__	R__	F__		切削进给	主轴反转	切削进给	攻右螺纹
9	G85	X__	Y__	Z__	R__	F__		切削进给		切削进给	镗孔
10	G86	X__	Y__	Z__	R__	F__		切削进给	主轴停止	切削进给	镗孔
11	G87	X__	Y__	Z__	R__	Q__	F__	切削进给	主轴停止	手动或快速	反镗孔
12	G88	X__	Y__	Z__	R__	P__	F__	切削进给	暂停、主轴停止	手动或快速	镗孔
13	G89	X__	Y__	Z__	R__	P__	F__	切削进给	暂停	切削进给	镗孔

现将每种固定循环指令进行分类并作详细介绍。

首先，在这些指令中有一些公共参数，其意义基本相同（除 G87 中 Q），简介如下：

参数 X Y Z：指定 X、Y、Z 坐标值。

参数 P：指定在孔底暂停时间，暂停过程中，只有进给暂停，其他正常。

参数 Q：指定步进式钻孔中每次步进量。

参数 R：指定刀具在当前步进操作或当前孔加工完成后返回的一个参考高度值。

参数 F：指定切削进给率。

1. 钻削循环类加工指令

（1）往复断屑式钻削 G73

指令格式：G73 X__ Y__ Z__ R__ Q__ F_。

孔加工过程操作如图 6-3 所示，该指令在 $-Z$ 方向的步进式进给可以很容易地实现断屑和排屑，并用 Q 指定每次的加工深度，其中 d 为每次步进时的退刀量，在 NC 设备中 CYCR 设定，这个值一般在 $0.2 \sim 0.5\text{mm}$ 之间。注：在加工过程中退刀只按指定量 d 退刀，并不完全退出孔。

（2）往复步进式钻削 G83

指令格式：G83 X__ Y__ Z__ R__ Q__ F_。

孔加工过程操作如图 6-4 所示，该指令在 $-Z$ 方向的步进式进给可以很容易地实现断屑和排屑，并用 Q 指定每次的加工深度。注：在加工过程中每次退刀完全退出孔。

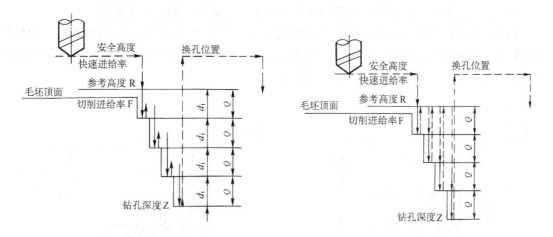

图 6-3　往复断屑式钻削 G73　　　　图 6-4　往复步进式钻削 G83

（3）一般点位钻削 G81

指令格式：G81 X__ Y__ Z__ R__ F_。

用于普通孔系工件钻削，从加工开始直到该孔加工完成，中间没有任何辅助动作，如图 6-5a 所示。

（4）一般点位钻削及锪孔 G82

指令格式：G82 X__ Y__ Z__ R__ P__ F_。

用于普通孔系工件钻削，在加工至孔底后进给停止（主轴不停转）指定 P（s）时间，再快速返回。孔底停留主要用于锪孔加工时修整孔底或平台，以达到较小的孔底表面粗糙度

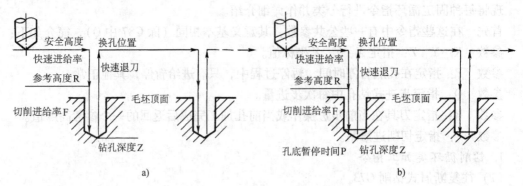

图 6-5 G81 及 G82 加工过程

a) 一般点位钻削 G81 b) 一般点位钻削及锪孔 G82

值,如图 6-5 所示。

2. 攻螺纹循环类加工指令

(1) 攻左螺纹 G74

指令格式:G74 X__ Y__ Z__ R__ F_。

G74 指令主轴在孔底正转,返回到 R 点后主轴恢复反转,如图 6-6 所示。

(2) 攻右螺纹 G84

指令格式:G84 X__ Y__ Z__ R__ F_。

G84 指令主轴在孔底反转,返回到 R 点后主轴恢复正转,如图 6-7 所示。

如果在程序段中指令暂停,则在刀具到达孔底和返回 R 点时先执行暂停动作,再恢复主轴转动。在攻螺纹期间 NC 机床自动忽略进给倍率的影响并且不能停机,即使使用了进给保持加工也不停止,直到完成该固定循环指令。

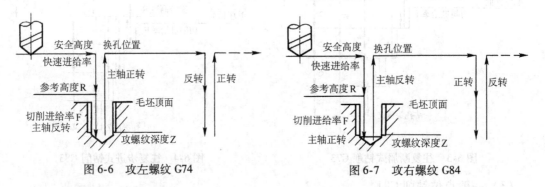

图 6-6 攻左螺纹 G74   图 6-7 攻右螺纹 G84

3. 镗孔循环类加工指令

(1) 高精镗孔 G76

指令格式:G76 X__ Y__ Z__ R__ Q__ P__ F_。

如图 6-8 所示,当镗孔进给结束后,主轴在孔底准停并偏移一个指定量 Q,然后快速退刀,这样可以避免退刀过程中刀尖划伤已加工面。

(2) 普通精镗孔 G85 与精镗阶梯孔 G89

指令格式:G85 X__ Y__ Z__ R__ F_。

指令格式:G89 X__ Y__ Z__ R__ P__ F_。

这两种指令均以切削进给方式加工刀孔底并以切削进给方式退刀到 R 点，但 G89 可以指定在孔底暂停指定时间 P，用以精加工阶梯孔的台阶部分，如图 6-9 所示。

（3）镗孔 G86

指令格式：G86　X＿　Y＿　Z＿　R＿　F＿。

刀具以切削进给加工到孔底，然后主轴停止转动，直接拉回到 R 点。这种加工方式一般会在已加工的孔壁上拉出一条很浅的沟槽，如图 6-10 所示。

（4）镗孔 G88

指令格式：G88　X＿　Y＿　Z＿　R＿　P＿　F＿。

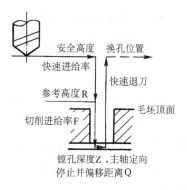

图 6-8　高精镗孔 G76

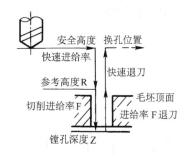

图 6-9　普通精镗孔 G85 与精镗阶梯孔 G89

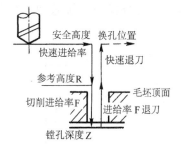

图 6-10　镗孔 G86

刀具以切削进给加工到孔底，然后主轴停止转动且 NC 系统进入进给保持状态，这时可以手动操作，但是应尽量将刀具卸下以防发生事故，当再次起动加工时可以按循环起动按钮。

（5）反镗孔 G87

指令格式：G87　X＿　Y＿　Z＿　R＿　Q＿　F＿。

如图 6-11 所示，当指令执行时，定位到 X、Y 坐标指定位置，主轴首先准停 OSS 并按指定 Q 量反向移动（2～3）以使刀尖与孔壁有一安全距离，然后快速移动到指定孔底深度 R 值（3～4），然后再次按指定 Q 量反向移动（4～5）到切削位置主轴正转开始切削，以进给速率加工到指定 Z 点（5～6），然后主轴再次准停并按指定 Q 量反向移动（6～7），最后主轴快速移动到初始平面（7～8），并按原偏移量返回（8～2），主轴恢复正转，加工下一孔。

4. 注销循环指令 G80

指令格式：G80。

在该指令出现后，固定循环指令将被注销。

5. 使用固定循环时的注意事项

1）在固定循环前，必须用 M 代码来起动主轴转动。

2）在固定循环中，必须有 X＿　Y＿　Z＿　R＿　F＿参数，否则 NC 设备将拒绝执行该指令。

3）注销固定循环可以用 G80 外，G00/G01/G02/G03 起作用的同时，也起到注销固定循环的作用。

4）在固定循环中，G43/G44 刀具长度补偿功能仍然可以起作用。

6. 子程序调用

在实际程序编制中，子程序的调用也非常广泛，下面介绍其用法（以 FAMUC 0*i*-M 系统为例）：

当在一个加工程序的若干位置上，有着连续若干行程序在写法及格式上完全相同或者相似的内容，为了简化程序，与其他计算机程序设计语言一样，可以把这些重复的程序段单独提取出来，并按一定的格式编写成子程序，当主程序在执行过程中执行到这个地方需要子程序的时候，再通过一定格式随时调用，当在子程序中的操作完成后自动返回主程序继续执行下面的程序段。

（1）子程序的嵌套调用　如果一个子程序的功能比较复杂，或者在这个子程序中还有可能存在部分操作是挑选加工的情况，这时可以采用子程序的分级嵌套调用，如图 6-12 所示。

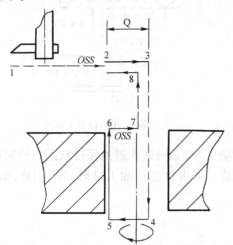

图 6-11　反镗孔 G87 指令动作示意图

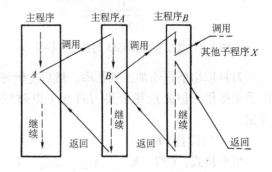

图 6-12　子程序的嵌套调用

（2）子程序的应用范围

1）工件上有若干个相同的轮廓形状。

2）加工中经常出现或具有相同的加工路线轨迹。

3）某一轮廓或形状需要分层加工的。

（3）子程序的调用和执行

1）主程序调用的书写格式

调用指令：M98 P×××　××××；

参数 P 后面的尾四位 ×××× 代表子程序名称的 4 位数字。头三位 ××× 指定重复调用该子程序的次数。如果调用一次可以忽略头三位 ×××，最大调用次数为 999 次。

2）子程序书写格式

O××××；

⋮

M99；

注意：① 如果 M99 指令中加入 Pn，即指令格式变为 M99 Pn，n 为主程序中的顺序号，这样子程序将返回到主程序中顺序号为 n 的程序段，这种使用方式只能用于存储器工作方式的 NC 设备，不能用于纸带控制方式的 NC 设备。

例如：

主程序：	子程序：
O1000；	
N0010 …；	O 1010；
⋮	N1010 …；
N0040 M98 P 1010；	N1020 …；
N0050 …；	⋮
N0060 …；	N1070 M99 P 0080；
N0070 …；	
N0080 …；	
⋮	

② 如果在主程序中使用了 M99，那么当程序执行到这段时，NC 设备系统返回到程序开头重复执行。当然，如果这种情况无限循环下去是不应该的，因此我们可以采用以下三种方式来控制结束程序：方法一，M99 改为/M99，这样当我们需要结束程序的时候，只要起动"跳段"按钮即可；方法二，我们可以在 M99 前加入/M30 或/M02，这样，当起动"跳段"按钮就可以结束程序的执行；方法三，可以使用/M99 Pn 方式，当起动"跳段"按钮直接跳出这个循环体或到达程序结束段的顺序号。

二、镗铣加工中心加工编程指令

加工中心配备的数控系统，其功能和指令都比其他普通数控机床齐全，本章就其他数控机床所不具备的部分指令予以介绍。其中，钻、镗、铰、攻螺纹固定循环以及重复固定循环、子程序部分与以上铣削加工介绍相同，并完全可以在加工中心编程中使用，这里不再赘述。

特殊指令的应用：

1）坐标系的旋转 G68。

2）坐标系的旋转注销 G69。

指令格式：

G17　G68　X __　Y __　R __

G18　G68　Z __　X __　R __

G19　G68　Y __　Z __　R __

G69

如图 6-13 所示，X、Y、Z 指定旋转中心的坐标值，R 指定旋转角度，通常系统设定用绝对值指令，逆时针方向旋转为正，顺时针方向旋转为负。

G68 指令执行后，程序中后面的指令都以 G68 指令的旋转中心为中心，以 R 为旋转角来旋转。

3）比例缩放加工 G51。

4）比例缩放注销 G50。

指令格式：

G51 I__ J__ K__ P__

G50

指令中的参数含义:

I、J、K——缩放比例中心的坐标值。

P——缩放倍率,大于 1 为放大,小于 1 为缩小。

G50——取消缩放比例。

如图 6-14 所示,图形 B 按 P=3 的比例放大加工后为图形 A 的形式。其中 O 点为比例缩放中心,坐标值为 I、J、K。

5)极坐标指令加工 G16。

6)极坐标指令注销 G15。

指令格式:

G17 G16 X __ Y __,指定 XY 平面时,+X 轴为极轴,程序中 X 坐标指定极径,Y 指定与极轴夹角。

G18 G16 Z __ X __,指定 ZX 平面时,+Z 轴为极轴,程序中 Z 坐标指定极径,X 指定与极轴夹角。

G19 G16 Y __ Z __,指定 YZ 平面时,+Y 轴为极轴,程序中 Y 坐标指定极径,Z 指定与极轴夹角。

G15 这个指令它自身不带有任何参数,仅起影响其他指令的作用。

如图 6-15 所示,极坐标指令套用钻孔固定循环后的加工程序:

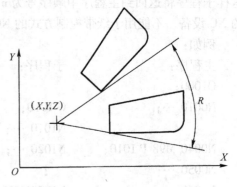

图 6-13 坐标系的旋转示意图

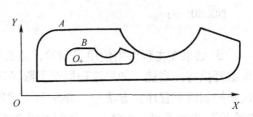

图 6-14 比例缩放功能 G51

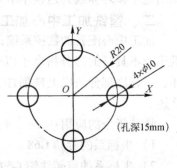

图 6-15 极坐标功能 G16

O0001

N120 G54 G90;   指定工件坐标系,并采用绝对坐标编程

N130 G00 Z150. S500 M03;   抬刀到安全高度,起动主轴正转,转速 500r/min

N140 X0. Y0.;   准备开始加工

N150 Z10. M08;   到位,打开切削液

N160 G17 G16 G83 X20. Y0. Z-15. R5. Q3. F30.;   指定极坐标指令 XY 平面,极径 20.,极角 0 度

N170 X20. Y90.;   极角 90°

N180 X20. Y180.;   极角 180°

N190 X20. Y270.;   极角 270°

N200 G15 G80;   注销极坐标指令及钻削固定循环指令

N210 G00 Z150. M09;   抬刀到安全高度,关闭切削液

N220 M30;

%

◇◇◇　第三节　典型工件的镗铣削加工工艺与编程

一、平面轮廓的加工工艺与编程

1. 工艺分析

1）编程零点的选择原则：应使编程零点与工件的尺寸基准重合；应使编制数控程序时

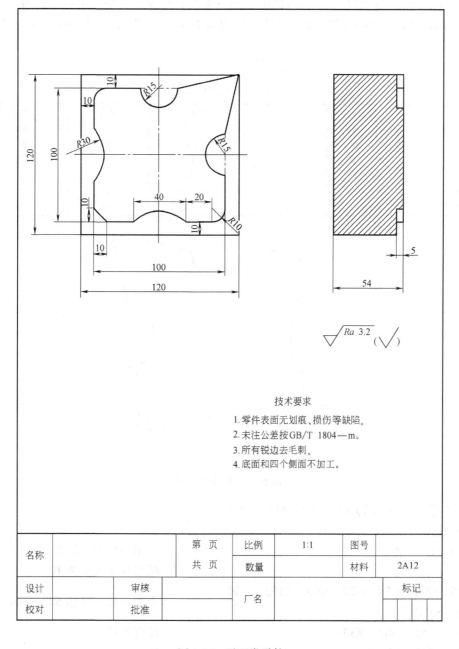

技术要求

1. 零件表面无划痕、损伤等缺陷。
2. 未注公差按GB/T 1804—m。
3. 所有锐边去毛刺。
4. 底面和四个侧面不加工。

名称		第　页	比例	1:1	图号	
		共　页	数量		材料	2A12
设计	审核		厂名		标记	
校对	批准					

图6-16　平面类零件

的运算最为简单，避免出现尺寸链计算误差；引起的加工误差最小；编程零点应选在容易找正，在加工过程中便于测量的位置。

2）切出点和切入点的选择：铣削平面轮廓时，一般采用立铣刀侧刃进行铣削，为了减少刀痕，切入时刀具应沿零件外轮廓曲线延长线的切线方向切入工件；在切出时，刀具应沿零件外轮廓延长线的切线方向逐渐切离工件，从而保证零件轮廓平滑过渡。

从图 6-16 中可以看到：该零件的形状轨迹较复杂，相关功能指令较多，尺寸标注齐全，尺寸精度要求不高。图形相对于长方体的对角线对称，根据零件结构的特点，可以用底面、外轮廓定位，采用机用虎钳夹紧。刀具起始点定位在工件坐标中（Z100，X – 100，Y – 100）处。

各基点坐标如图 6-17 所示，具体值见表 6-2。

表 6-2　各基点坐标值

基点	坐标值	基点	坐标值	基点	坐标值
$P1$	– 100，– 100	$P7$	– 15，50	$P13$	40，– 50
$P2$	– 50，– 58	$P8$	15，50	$P14$	20，– 50
$P3$	– 50，– 20	$P9$	60，60	$P15$	– 20，– 50
$P4$	– 50，20	$P10$	50，15	$P16$	– 40，– 50
$P5$	– 50，40	$P11$	50，– 15	$P17$	– 50，– 40
$P6$	– 40，50	$P12$	50，– 40	$P18$	– 100，– 40

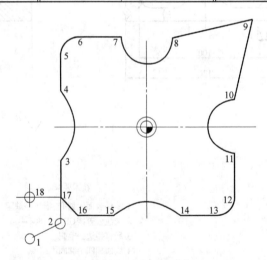

图 6-17　各基点坐标

2. 参考程序（以为 FANUC 0i-MB 为例）

O00001；

N05　T1　M6；	调用一号刀具，默认1号刀补，实际刀具半径值为 R7
N10　G90　G54　G00　G40　X105　Y30 M3　S500；	主轴正转，转速 500r/min
N15　G43　H01　Z30；	长度补偿
N20　G01　Z0　F500；	下刀
N25　G01　X-105　F110；	铣平面，进给速度是 110mm/min

N30	G00	Y-30；						Y 轴快速移动
N35	G01	X105；						铣平面
N40	G00	Z100；						快速移至 Z100 处
N45	M5；							主轴停转
N50	T2	M6；						调用 2 号刀具的 1 号补偿值
N55	G54	G90	G00	X-100	Y-100	M3	S600；	X、Y、Z 轴的快速移动，主轴正转 转速 600r/min
N60	G43	H02	Z50；					
N65	G00	Z-5；						在 1 点处 Z 轴下刀至 −5mm 处
N70	G41	G01	X-50	Y-68	D1	F100；		建立刀具半径左补偿，直线插补， P1 ~ P2
N75	G01	Y-20；						直线插补，P2 ~ P3
N80	G03	X-50	Y20	R30；				圆弧插补，P3 ~ P4
N85	G01	Y50	R10；					直线插补，P4 ~ P6，中间倒圆角 $R10$， 系统自动从 P5 点开始插补
N90	G01	X-15；						P6 ~ P7
N95	G03	X15	Y50	R15；				中间点圆弧插补，P7 ~ P8
N100	G01	X60	Y60					P8 ~ P9
N105	X50	Y15；						P9 ~ P10
N110	G03	X50	Y-15	R15；				圆心坐标圆弧插补，P10 ~ P11
N115	G01	Y-40；						直线插补，P11 ~ P12
N120	G02	X40	Y-50	R10；				圆弧插补，半径 10mm，P12 ~ P13
N125	G01	X20；						P13 ~ P14
N130	G03	X-20	Y-50	R30；				P14 ~ P15
N135	G01	X-50	C14.14；					P15 ~ P17，中间倒角，系统自动从 P16 点开始进行倒角
N140	Y-20；							P3
N145	G40	G00	X-50	Y-68；				取消刀具半径补偿，P17 ~ P18
N150	G00	Z50	M5					抬刀，主轴停转
N155	T3	M6；						调用 2 号刀补值转速
N160	G00	G54	G90	X-50	Y-68	M3	S800；	转速变至 800r/min
N165	G43	H3	Z10；					
N170	G01	Z-3	F100；					
N175	G41	G00	X-50	Y-68	D2；			建立刀具半径左补偿，直线插补，P1 ~ P2
N180	G01	Y-20；						直线插补，P2 ~ P3
N185	G03	X50	Y20	R30；				圆弧插补，P3 ~ P4
N190	G01	Y50	R10；					直线插补，P4 ~ P6，中间倒圆角 $R10$， 系统自动从 P5 点开始插补

N195	G01	X-15;		P6 ~ P7
N200	G03	X15	Y50 R15;	中间点圆弧插补，P7 ~ P8
N205	G01	X60	Y60;	P8 ~ P9
N210		X50	Y15;	P9 ~ P10
N215	G03	X50	Y-15 R15;	圆心坐标圆弧插补，P10 ~ P11
N220	G01	Y-40;		直线插补，P11 ~ P12
N225	G02	X40	Y-50 R10;	圆弧插补，半径 10mm，P12 ~ P13
N230	G01	X20		P13 ~ P14
N235	G03	X-20	Y-50 R30;	P14 ~ P15
N240	G01	X-50	C14. 14;	P15 ~ P17，中间倒角，系统自动从 P16 点开始进行倒角
N245		Y-20;		P3
N250	G40	G00	X-50 Y-68;	取消刀具半径补偿，P17 ~ P18
N255	G00	Z200;		抬刀至 Z200 处
N260	M5;			主轴停转
N265	M30;			程序结束

3. 注意事项

1）在平面轮廓铣削加工中，刀具相对于零件运动的每一处细节都应该在编程时确定，如零件轮廓、对刀点、装夹方式、零件的加工路线等。

2）注意正确选择切入方式，正确施加刀具半径补偿。

3）为保证工件轮廓表面加工后的表面粗糙度要求，最终轮廓应安排在最后一次进给中连续加工出来。

4）应尽量避免加工中途停顿，减少因切削力突然变化造成弹性变形而留下的刀痕。

5）在平面外轮廓加工中，通常采用由外向内逐渐接近工件轮廓铣削的方式进行加工，通过用增加刀具半径补偿的方法实现。

6）铣削平面外轮廓时，尽量采用顺铣方式加工，以降低表面粗糙度值。

7）在运用刀具补偿的过程中，要严格按照增加刀具补偿的注意事项进行。

二、孔系类零件的加工工艺与编程

1. 工艺分析

（1）孔加工方法的选择　在数控铣床上，加工孔的常用方法有钻孔、扩孔、铰孔及攻螺纹。对于加工孔径小于 30mm 且没有预制孔的工件，为了保证孔的定位精度，可选择先钻中心孔后钻孔的加工方法；对于扩孔的加工，可采用立铣刀铣孔的加工方法，对于 M20 以上的螺纹，可采用螺纹铣刀加工。

（2）加工工艺分析　从图 6-18 中可以得出，该零件的加工内容较少，尺寸标注齐全，尺寸精度要求不高。根据零件的结构特点，可以用底面及外轮廓定位，采用机用虎钳夹紧。使用 G82 循环和 G83 循环，分别加工深度为 10mm 和 27mm 的孔，在孔底停留 2s，坐标轴方向的安全距离为 4mm，循环结束后，刀具处于（0，0，100）位置。利用 G84 攻制 M10 右旋螺纹，螺纹深度 10mm，刀具起始点设在距工件中心上表面 100mm 处。

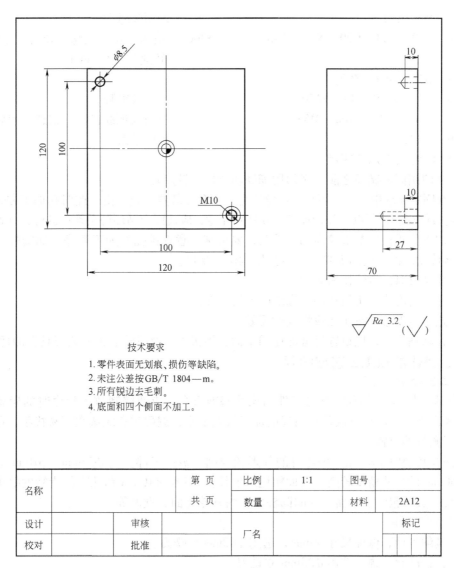

技术要求

1. 零件表面无划痕、损伤等缺陷。
2. 未注公差按 GB/T 1804—m。
3. 所有锐边去毛刺。
4. 底面和四个侧面不加工。

名称			第 页		比例	1:1	图号	
			共 页		数量		材料	2A12
设计		审核			厂名		标记	
校对		批准						

图 6-18　孔系类零件

2. 参考程序（以 FANUC-0*i* 为例）

O0004；

N05	T1	M6；						设置零点偏置，调用 1 号刀具的 1 号补偿
N10	G54	G00	X-50	Y50	Z100	S500	M3；	快速定位到 X-50　Y50　Z100 处，主轴正转，转速为 500r/min
N15	G43	H01	Z50；					
N20	G99	G82	X-50	Y50	Z-10	R5	F100；	
N25	G80	Z50；						
N30	X50	Y-50；						
N35	G83	Z-27	R5	Q2	F120；			调用钻孔循环
N40	G80	Z50	M5；					主轴停止

| N45 | M6 | T2; | | | | | 调用2号刀 |

N45　M6　T2;　　　　　　　　　　　调用2号刀

N50　G00　G54　G90　X50　Y-50　M3　S300;　快速定位到攻螺纹位置，主轴正转，转速为300r/min

N55　G43　H02　Z50;

N60　G84　Z-10　R5　F450　　　　　攻螺纹循环

N65　G80　G00　Z100　M5;　　　　　取消攻螺纹循环，快速抬刀到Z100

N70　M30;　　　　　　　　　　　　程序结束

3. 操作要点及注意事项

1）在使用固定循环之前，必须用辅助功能使主轴旋转。

2）在固定循环中，若利用复位或急停命令使数控装置停止，由于此时孔加工方式和孔加工数据还被储存着，所以在开始加工时要特别注意，应使固定循环剩余动作进行，直到结束。

3）加工位置精度要求较高的孔系时，要特别注意安排孔的加工顺序，如安排不当，就有可能将传动副的反向间隙带入，直接影响位置精度。

4）攻螺纹时，暂停按钮无效。

5）主轴速度修调旋钮在加工螺纹时保持不变。

6）进给速度修调按钮在攻螺纹时无效。

7）移动钻头时，应设置足够的返回平面；停机时，及时除去工件或刀具上的切屑。

三、壳体的加工工艺与编程

1. 工艺分析

（1）原则　应使编程零点与工件的尺寸基准重合；应使编制数控程序时的运算最为简单，避免出现尺寸链计算误差；引起的加工误差最小；编程零点应选在容易找正，在加工过程中便于测量的位置。

从图6-19中可以看出，该零件的外形较规则，被加工部分的 $\phi32mm$、$\phi10mm$、16mm、6mm、50mm 的尺寸精度较高、表面粗糙度值较低，4 个 $\phi10mm$ 钻孔有位置精度要求。零件复杂程度一般，包含了平面、空间圆柱面、内外轮廓面、键槽等。

（2）加工顺序

1）铣削平面，保证尺寸 50mm，选用 $\phi80mm$ 面铣刀。

2）粗铣凸台轮廓，选用 $\phi25mm$ 立铣刀。

3）粗加工开口键槽，选用 $\phi15mm$ 立铣刀。

4）钻中间位置孔，选用 $\phi9.8mm$ 直柄麻花钻。

5）扩中间位置孔，选用 $\phi30mm$ 麻花钻。

6）精铣凸台外轮廓，选用 $\phi15mm$ 立铣刀。

7）粗镗 $\phi32mm$ 孔至 $\phi31.5mm$，选用 $\phi31.5mm$ 粗镗刀。

8）精镗 $\phi32mm$ 孔，选用 $\phi32mm$ 精镗刀。

9）钻 4 个 $\phi10mm$ 的定位中心孔，选用 A3 中心钻。

10）钻孔加工，选用 $\phi9.8mm$ 直柄麻花钻。

11）铰孔加工，选用 $\phi10mm$ 机用铰刀。

图形相对于水平中心线对称，根据零件结构的特点，可以用底面和外轮廓定位，采用机用虎钳夹紧。编程零点在工件上表面 $\phi32mm$ 孔的中心位置。

各基点坐标如图 6-20 所示，基点坐标值见表 6-3。

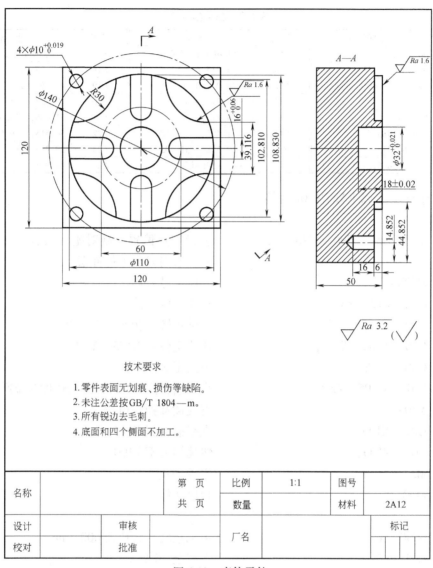

技术要求

1. 零件表面无划痕、损伤等缺陷。
2. 未注公差按GB/T 1804—m。
3. 所有锐边去毛刺。
4. 底面和四个侧面不加工。

名称		第 页	比例	1:1	图号	
		共 页	数量		材料	2A12
设计		审核		厂名		标记
校对		批准				

图 6-19 壳体零件

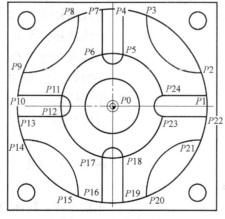

图 6-20 各基点坐标

表 6-3　基点坐标值

基点	坐标值	基点	坐标值	基点	坐标值
P1	54.415,8	P9	−51.405,19.558	P17	−8,−54.415
P2	51.405,19.558	P10	−54.415,8	P18	8,−28.913
P3	19.558,51.405	P11	−28.913,8	P19	8,−54.415
P4	8,54.415	P12	−28.913,−8	P20	19.558,−51.405
P5	8,28.913	P13	−54.415,−8	P21	51.405,−19.558
P6	−8,28.983	P14	−51.405,−19.558	P22	54.415,−19.558
P7	−8,54.415	P15	−19.558,−51.405	P23	28.913,−8
P8	−19.558,51.405	P16	−8,−54.415	P24	28.913,8

2. 参考程序（以 FANUC 0i 为例）

O00001

N05　G17　G54　G90　G40；	设置零点偏置，绝对坐标编程，选择 XY 平面，取消刀具半径补偿
N10　M6T1；	调用 1 号刀具
N15　G43　H01　Z5；	建立长度补偿
N20　S450　M3；	主轴正转，转速为 450r/min
N25　G00　X105　Y-30；	快速定位到 X105　Y-30
N30　G00　Z0.3；	下刀至 Z0.3 处
N35　G01　X-105　F200；	直线插补到 X-105，进给速度为 200r/min
N40　Y30；	直线插补到 Y30 处
N45　G01　X105；	直线插补到 X105
N50　G00　Z100；	快速抬刀至 Z100
N55　M5；	主轴停止
N60　M00；	程序暂停
N65　S600　M3；	主轴正转，转速为 600r/min
N70　G01　Z0；	下刀至 Z0 处
N75　X105　Y-30　F200；	直线插补到 X105　Y-30，进给速度为 200mm/min
N80　G01　X-105　F150；	直线插补到 X-105
N85　G00　Y30；	直线插补到 Y30 处
N90　G01　X105；	直线插补到 X105
N95　G00　Z100；	快速抬刀至 Z100
N100　M5；	主轴停止
N105　M00；	程序暂停
N110　M6　T2；	调用 2 号刀具
N115　G43　H02　Z5；	
N120　M3　S450；	主轴正转，转速为 450r/mm
N125　G00　X77.5　Y0；	快速定位到 X77.5Y0 处

N130	G00	Z-6;	下刀到 Z-6 处

N135　M98　P0800;　　　　　　　调用子程序 L1 一次

N140　D2;　　　　　　　　　　　调用 2 号补偿参数

N145　M98　P0800;　　　　　　　调用子程序 L2 一次

N150　G00　Z100;　　　　　　　　快速抬刀至 Z100 处

N155　M5;　　　　　　　　　　　主轴停止

N160　M00;　　　　　　　　　　　程序暂停

N165　M6　T3;　　　　　　　　　调用 3 号刀具

N170　G43　H03　Z5;

N175　M3　S450;　　　　　　　　主轴正转，转速 450r/min

N180　G00　X72.5　Y0　Z-6;　　　快速定位到 X72.5Y0 并下刀至 Z-6 处

N185　G01　X30　F200;　　　　　直线插补到 X30，进给速度 200mm/min

N190　G00　Z5;　　　　　　　　　快速抬刀至 Z5

N195　X0　Y72.5;　　　　　　　　快速定位到 X0Y72.5 处

N200　Z-6;　　　　　　　　　　　下刀至 Z-6 处

N205　G01　Y30;　　　　　　　　直线插补到 Y30

N210　G00　Z5;　　　　　　　　　快速抬刀至 Z5

N215　X-72.5　Y0;　　　　　　　快速定位到 X-72.5Y0 处

N220　Z-6;　　　　　　　　　　　下刀至-6 处

N225　G01　X30;　　　　　　　　直线插补到 X30

N230　G00　Z5;　　　　　　　　　快速抬刀至 Z5

N235　X0　Y-72.5;　　　　　　　快速定位到 X0　Y-72.5 处

N240　Z-6;　　　　　　　　　　　下刀至 Z-6 处

N245　G01　Y-30;　　　　　　　　直线插补到 Y-30

N250　G00　Z100;　　　　　　　　快速抬刀至 Z100

N255　M5;　　　　　　　　　　　主轴停止

N260　M00;　　　　　　　　　　　程序暂停

N265　T4　M6;　　　　　　　　　调用 4 号刀

N270　G00　X0　Y0　S600　M3;　　快速定位到 X0　Y0，主轴正转，转速为 600r/min

N275　G43　H04　Z50;

N280　G83　Z-15　R5　Q8　F100;

N285　G80　G00　Z100;　　　　　快速抬刀至 Z100

N290　M5;　　　　　　　　　　　主轴停止

N295　M00;　　　　　　　　　　　程序暂停

N300　M6　T3;　　　　　　　　　调用 3 号刀

N305　G00　X77.5　Y0　S1000　M3;　快速定位到 X7 7.5　Y 0，主轴正转，转

速为1000r/min

N310	G43	H03	Z5;				

N315　G01　Z-6　F100;　　　　　　　下刀至Z-6处

N320　G42　G01　X54.415　Y8　F100　D1;加刀具半径右补偿,且直线插补到P1处

N325　G03　X51.405　Y19.558　R55;　逆时针圆弧插补到P2,圆弧半径为55

N330　G02　X19.558　Y51.405　R30;　顺时针圆弧插补到P3,圆弧半径为30

N335　G03　X8　Y54.415　R55;　　　　逆时针圆弧插补到P4,圆弧半径为55

N340　G01　Y28.913;　　　　　　　　直线插补到P5

N345　G02　X-8　Y28.913　R8;　　　　顺时针圆弧插补到P6,圆弧半径为8

N350　G01　Y54.415;　　　　　　　　直线插补到P7

N355　G03　X-19.558　Y51.405　R55;　逆时针圆弧插补到P8,圆弧半径为55

N360　G02　X-51.405　Y19.558　R30;　顺时针圆弧插补到P9,圆弧半径为8

N365　G03　X-54.415　Y8　R55;　　　逆时针圆弧插补到P10,圆弧半径为55

N370　G01　X-28.913;　　　　　　　　直线插补到P11

N375　G02　Y-8　R8;　　　　　　　　顺时针圆弧插补到P12,圆弧半径为8

N380　G01　X-54.415;　　　　　　　　直线插补到P13

N385　G03　X-51.405　Y-19.558　R55;逆时针圆弧插补到P14,圆弧半径为55

N390　G02　X-19.558　Y-51.405　R30;顺时针圆弧插补到P15,圆弧半径为30

N395　G03　X-8　Y-54.415　R55;　　　逆时针圆弧插补到P16,圆弧半径为55

N400　G01　Y-28.913;　　　　　　　　直线插补到P17

N405　G02　X8　Y-28.913　R8;　　　　逆时针圆弧插补到P18,圆弧半径为8

N410　G01　Y-54.415;　　　　　　　　直线插补到P19

N415　G03　X19.558　Y-51.405　R55;　逆时针圆弧插补到P20,圆弧半径为55

N420　G02　X51.405　Y-19.558　R30;　逆时针圆弧插补到P21,圆弧半径为30

N425　G03　X54.415　Y-8　R55;　　　逆时针圆弧插补到P22,圆弧半径为55

N430　G01　X28.913;　　　　　　　　直线插补到P23

N435　G02　X28.913　Y8　R8;　　　　顺时针圆弧插补到P24,圆弧半径为8

N440　G01　X54.415;　　　　　　　　直线插补到P1

N445　G40　G01　X77.5　Y0;　　　　取消刀具半径补偿,并直线插补到X77.5Y0

N450　G00　Z100;　　　　　　　　　快速抬刀至Z100

N455　M05;　　　　　　　　　　　　主轴停止

N460　M00;　　　　　　　　　　　　程序暂停

N465　M6　T6;　　　　　　　　　　调用6号刀具

N470　G00　X0　Y0　S800　M3;　　快速定位到原点,主轴正转,转速为800r/min

N475　G43　H06　Z5;

N480　G85　Z-18　R5　F80;

N485　G80　G00　Z100;　　　　　　快速定位到Z100

N490　M05;　　　　　　　　　　　　主轴停止

N495	M00；	程序暂停
N500	M6　T7；	调用 7 号刀具
N505	G43　H07　Z5；	
N510	S1000　M3；	主轴正转，转速为 1000r/min
N515	G00　X0　Y0；	快速定位到原点
N520	G85　Z-18　R5　F80；	
N525	G80　G00　Z100；	快速抬刀至 Z100
N530	M5；	主轴停止
N535	M00；	程序暂停
N540	T8　M6；	调用 8 号刀具
N545	G43　H08　Z5；	
N550	G00　Z10；	快速定位到 Z10
N555	M3　S1200；	主轴正转，转速为 1200r/min
N560	G83　X49.49　Y49.49　R4　Q3　F60；	调用钻削指令
N565	X-49.49　Y49.49；	快速定位到 X-49.49　Y49.49，调用钻削指令
N570	X-49.49　Y-49.49；	快速定位到 X-49.49　Y-49.49，调用钻削指令
N575	X49.49　Y-49.49；	快速定位到 X49.49　Y-49.49，调用钻削指令
N580	G80　G00　Z100；	快速定位到 Z100
N585	M5；	主轴停止
N590	M00；	程序暂停
N595	T4　M6；	调用 4 号刀具，用 1 号刀补值
N600	G00　X49.49　Y49.49　M3　S600；	快速定位到 X49.49　Y49.49，主轴正转，转速为 600r/min
N605	G43　H04　Z10；	快速定位到 Z10
N610	G83　X49.49　Y49.49　Z-25 R4　Q3　F60；	调用钻削指令
N615	X-49.49　Y49.49；	
N620	X-49.49　Y-49.49；	
N625	X49.49　Y-49.49；	
N630	G80　G00　Z100　M5　M9；	
N635	M00；	程序暂停
N640	T9　M6；	调用 9 号刀具
N645	G54　G90　G00　X49.49　Y49.49；	快速定位到 X49.49　Y49.49
N650	G43　H09　Z10；	快速定位到 Z10
N655	M3　S600；	主轴正转，转速为 600r/min

N660　G85　X49.49　Y49.49　Z-25　R5　F80;　　调用钻削指令

N665　　X-49.49　Y49.49;

N670　　X-49.49　Y-49.49;

N675　　X49.49　Y-49.49;

N680　G80　Z100;　　　　　　　　　　　快速定位到Z100

N685　M5;　　　　　　　　　　　　　　主轴停止

N690　M30;　　　　　　　　　　　　　程序结束

子程序

O0800;

N05　G42　G01　X54.415　Y8;　　　　加刀具半径右补偿,并直线插补到 $P1$

N10　G03　X51.405　Y19.558　R55;　　逆时针圆弧插补到 $P2$,圆弧半径为55

N15　G02　X19.558　Y51.405　R30;　　顺时针圆弧插补到 $P3$,圆弧半径为30

N20　G03　X-19.558　Y51.405　R55;　　逆时针圆弧插补到 $P8$,圆弧半径为55

N25　G02　X-51.405　Y19.558　R30;　　顺时针圆弧插补到 $P9$,圆弧半径为30

N30　G03　X-51.405　Y-19.558　R55;　　逆时针圆弧插补到 $P14$,圆弧半径为55

N35　G02　X-19.558　Y-51.405　R30;　　顺时针圆弧插补到 $P15$,圆弧半径为30

N40　G03　X19.558　Y-51.405　R55;　　逆时针圆弧插补到 $P20$,圆弧半径为55

N45　G02　X51.405　Y-19.558　R30　　顺时针圆弧插补到 $P21$,圆弧半径为30

N50　G03　X54.415　Y8　R55;　　　　逆时针圆弧插补到 $P22$,圆弧半径为55

N55　G40　G01　X77.5　Y0　　　　　取消刀补,并直线插补到 X77.5　Y0

N60　M99;　　　　　　　　　　　　子程序结束

3. 操作要点及注意事项

1) 注意子程序的编制和调用方法的多样性。

2) 注意刀具补偿的修改对加工尺寸的影响,尤其是在机床 X 轴和 Y 轴精度不同的情况下。

四、典型槽类变形件的加工工艺与编程

1. 工艺分析

该零件是铣削加工中常见的典型零件,加工表面由平面、凸台、外圆、内孔、槽、沉孔等组成,尺寸标注完整,轮廓描述清楚。其中,内孔直径尺寸精度较高,表面粗糙度值较低。该类零件通常需经铣平面、钻孔、扩孔、镗孔、铰孔及铣内外轮廓等工步才能完成。下面介绍加工中心的加工工艺。

(1) 分析零件图样,选择加工内容　该零件的材料为 2A12,无热处理和硬度要求。故毛坯下料为板材切割。由图6-21知,零件的四个侧面为不加工表面,全部加工表面都集中在上、下表面。最高精度为 IT8 级。从工序集中和便于定位两个方面考虑,选择上表面及位于上表面上的全部孔及内轮廓、外轮廓在加工中心上加工,将底面作为主要定位基准,并在本工序中先加工好。

(2) 选择机床类型及机床型号　该零件由于表面及位于表面上的全部孔、内轮廓、外轮廓、槽等只需单工位加工即可完成,故选择立式加工中心。加工表面虽然多,但只有粗

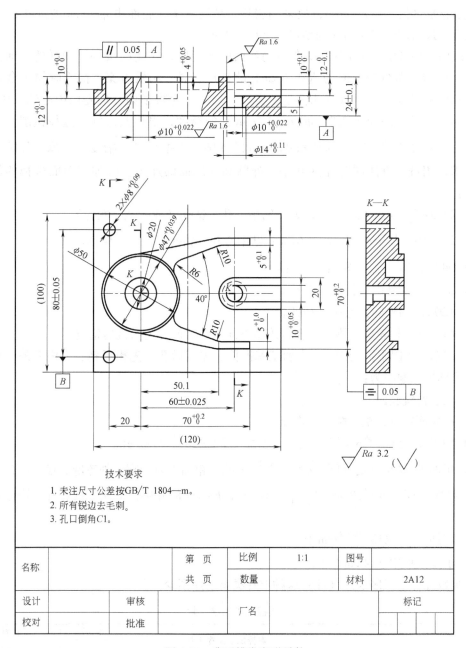

技术要求

1. 未注尺寸公差按GB/T 1804—m。
2. 所有锐边去毛刺。
3. 孔口倒角C1。

名称		第 页	比例	1:1	图号	
		共 页	数量		材料	2A12
设计	审核		厂名			标记
校对	批准					

图 6-21 典型槽类变形零件

铣、精铣、粗镗、半精镗、精镗、钻、扩、锪、铰等工步，所需刀具不超过20把。选用国产 VMC750 型立式加工中心即可满足上述要求。该机床工作台尺寸为 420mm × 1000mm，X轴行程为 750mm，Y轴行程为 450mm，Z轴行程为 550mm，主轴端面至工作台的台面距离为 125～675mm，定位精度和重复定位精度分别为 ±0.006mm 和 ±0.003mm，刀库容量为24把，工件的主要部分一次装夹后可自动完成铣、钻、镗、铰等工步的加工。

2. 设计工艺

（1）选择加工方法　底面用铣削方法加工，并作为定位面，为上表面的加工做定位用。

因其表面粗糙度值为 $Ra3.2\mu m$，故采用粗铣—精铣方案。底面中 $\phi14mm$ 的沉孔在 $\phi10mm$ 孔基础上，最后用铣刀铣削或锪钻锪孔至尺寸即可。

上表面也用铣削方法加工，并保证与底面的平行度，才能间接保证图样的几何公差要求。上表面的表面粗糙度值为 $Ra1.6\mu m$，故采用粗铣—精铣方案，精铣时加工余量不能太多，切削参数要合适。所有孔都是在实体上加工，为防钻偏，均先用中心钻钻中心孔，然后再钻孔、镗孔。为保证 $2\times\phi10^{+0.022}_{0}mm$ 孔的精度，根据其尺寸，选择镗削作为最终加工方法。对 $\phi47^{+0.039}_{0}mm$ 的孔和 $\phi20mm$ 的外圆，根据孔径、精度、孔深、外圆尺寸及底面要求，用铣削方法同时完成孔壁、外圆和孔底面的加工。各加工表面选择的加工方案如下：

1）$2\times\phi8^{+0.09}_{0}mm$ 孔，$Ra3.2\mu m$：钻中心孔—钻孔（或铰孔、粗镗）。

2）$2\times\phi10^{+0.022}_{0}mm$ 孔，$Ra1.6\mu m$：钻中心孔—钻孔—粗镗—精镗。

3）$\phi47^{+0.039}_{0}mm$ 孔：粗铣—精铣。

4）$\phi50mm$ 的外圆：粗铣—精铣。

5）$\phi20mm$ 的外圆：粗铣—精铣。

6）内轮廓、外轮廓、槽、凸台：采用不同直径的铣刀先粗铣后精铣。

（2）确定加工顺序　按照"先加工基准面、先面后孔、先粗后精、先内后外"的原则确定。具体加工顺序为：

1）粗、精铣底面。

2）以底面定位，粗、精铣上表面。

3）加工 $2\times\phi8^{+0.09}_{0}mm$ 孔至尺寸，粗加工 $2\times\phi10^{+0.09}_{0}mm$ 孔。

4）粗加工 $\phi20mm$ 的外圆、$\phi47^{+0.039}_{0}mm$ 孔，粗加工内轮廓、外轮廓、槽、凸台。

5）精加工 $\phi20mm$ 的外圆、$\phi47^{+0.039}_{0}mm$ 孔、$\phi50mm$ 的外圆，精加工内轮廓、外轮廓、槽、凸台。

6）精加工 $2\times\phi10^{+0.022}_{0}mm$ 孔；

7）加工底面中 $\phi14mm$ 的沉孔。

详见数控加工工序卡片（注：这种卡片类型工序图少）

数控加工工序卡片

零件名称			数控加工工序卡片		图号		材料
							2A12
工序号	程序编号	夹具名称	产品名称或代号		设备		第　页
25		机用虎钳			VMC750		共　页
工步号	工步内容			刀具号	刀具规格/mm	主轴转速/(r/min)	进给速度/(mm/min)	背吃刀量/mm	备注
5	粗铣底面，保证厚度尺寸（24±0.1）mm 为25.5mm			T1	$\phi150$	1500	200	1	
10	精铣底面，保证厚度尺寸（24±0.1）mm 为25mm，$Ra1.6\mu m$；底面和侧面的垂直度不大于0.05mm			T2	$\phi150$	2000	160	0.5	

（续）

零件名称			数控加工工序卡片		图号		材料 2A12
工序号	程序编号	夹具名称	产品名称或代号		设备		第 页
25		机用虎钳			VMC750		共 页
工步号	工 步 内 容			刀具号	刀具规格/mm	主轴转速/(r/min)	进给速度/(mm/min)	背吃刀量/mm	备注
---	---	---	---	---	---	---	---	---	---
15	1）以底面和两侧面定位 2）粗、精铣上表面，保证尺寸（24±0.1）mm，Ra 1.6μm 及和底面的平行度不大于0.03mm			T1 T2	$\phi150$ $\phi150$	1500 2000	200 160	1 0.5	
20	钻 $2\times\phi8^{+0.09}_{0}$ mm、$2\times\phi10^{+0.022}_{0}$ mm 中心孔			T3	A3	2000	200		
25	钻 $2\times\phi8^{+0.09}_{0}$ mm 孔达图样尺寸，保证尺寸（80±0.05）mm、（20±0.1）mm，$Ra3.2$μm			T4	$\phi8$	800	60		
30	钻 $2\times\phi10^{+0.022}_{0}$ mm 孔为 $\phi9.5$mm，保证 $Ra3.2$μm			T5	$\phi9.5$	600	50		
35	粗镗 $2\times\phi10^{+0.022}_{0}$ mm 孔，留余量0.15mm，$Ra1.6$μm			T6	$\phi9.85$	900	65		
40	1）粗铣由 $\phi20$mm 的外圆和 $\phi47^{+0.039}_{0}$ mm 孔组成的环形槽，侧面和底面分别留余量0.5mm 2）粗铣右端凸台处，宽为 $10^{+0.05}_{0}$ mm，深为 $12^{0}_{-0.1}$ mm 的槽，侧面和底面分别留余量0.5mm 注意：铣刀不能伤及 $\phi10^{+0.022}_{0}$ mm 孔，要保证留有足够的余量（不小于0.3mm）			T7	$\phi8$	500	45		
45	1）粗加工其余各内轮廓、外轮廓、凸台外侧，分别留余量0.5mm 2）粗铣 $\phi50$mm 的外圆，留余量0.5mm，$Ra3.2$μm			T8	$\phi10$	650	60		
50	1）精铣由 $\phi20$mm 的外圆和 $\phi47^{+0.039}_{0}$ mm 孔组成的环形槽，保证各相关尺寸，$Ra3.2$μm 2）精铣右端凸台处宽为 $10^{+0.05}_{0}$ mm，深为 $12^{0}_{-0.1}$ mm 的槽，保证各相关尺寸，$Ra3.2$μm 注意：铣刀不能伤及 $\phi10^{+0.022}_{0}$ mm 孔			T9	$\phi8$	650	50		
55	1）精铣其余各内轮廓、外轮廓、凸台外侧，保证各相关尺寸；$Ra3.2$μm，对称度0.05mm 2）精铣 $\phi50$mm 的外圆，保证尺寸 $4^{+0.05}_{0}$ mm，$Ra3.2$μm 注意：$\phi50$mm 外圆必须和下端的内、外轮廓接平，不允许有落差			T10	$\phi10$	800	70		
60	精镗 $2\times\phi10^{+0.022}_{0}$ mm 孔至尺寸，保证尺寸（60±0.025）mm，$Ra1.6$μm			T11	$\phi10$	1200	100		
65	1）找正中心 $\phi10^{+0.022}_{0}$ mm 孔的径向圆跳动不大于0.05mm 2）铣底面 $\phi14$mm 的沉孔达图样要求			T10	$\phi10$	900	70		
70	检验								
编 制		审核		批准			

（3）确定装夹方案和选择夹具　该零件形状简单，四个侧面较光整，加工面与不加工面之间的位置精度要求不高，故可选用通用台虎钳，以底面和两个侧面定位，用台虎钳钳口从侧面夹紧。

（4）选择刀具　所需刀具有面铣刀、镗刀、中心钻、麻花钻、铰刀、立铣刀、锪钻等，其规格根据加工尺寸选择。粗铣平面时，铣刀直径应选小一些，以减小切削力力矩，但也不能太小，以免影响加工效率；精铣平面时，铣刀直径应选大一些，以减少接刀痕迹，但要考虑到刀库允许装刀直径也不能太大。VMC750 型加工中心的允许装刀直径：无相邻刀具为 $\phi150mm$，有相邻刀具为 $\phi80mm$。铣刀柄部根据主轴锥孔和拉紧机构选择。VMC750 型加工中心的主轴锥孔为 ISO40，适用刀柄为 BT40（日本标准 JISB6339），故铣刀柄部应选择 BT40 型。具体所选刀具及刀柄见数控加工刀具卡片。

数控加工刀具卡片

车间			零件名称		零件材料		程序编号	
产品型号				零件图号			共1页 第1页	
顺序号	刀具号	刀具名称		刀柄型号	刀具		补偿值 /mm	刀具材料
					直径/mm	长度/mm		
1	T1	面铣刀		BT40-XM32-75	$\phi150$			
2	T2	面铣刀		BT40-XM32-75	$\phi150$			
3	T03	中心钻		BT40-Z10-45	$\phi3$			
4	T04	麻花钻		BT40-M1-45	$\phi8$			
5	T5	麻花钻		BT40-M1-45	$\phi9.5$			
6	T6	镗刀		BT40-TQC50-180	$\phi9.85$			
7	T7	键槽铣刀		BT40-MW2-55	$\phi8$			
8	T8	立铣刀		BT40-MW2-55	$\phi10$			
9	T9	键槽铣刀		BT40-MW2-55	$\phi8$			
10	T10	立铣刀		BT40-MW2-55	$\phi10$			
11	T11	镗刀		BT40-TW50-140	$\phi10H8$			
编制			校对		审核		批准	

（5）确定加工路线　平面的粗、精铣削加工的加工路线根据铣刀直径确定，因所选铣刀直径为 $\phi150mm$，故安排沿 Z 方向两次进给。所有孔的加工路线均按最短路线确定，因为孔的位置精度要求不算太高，机床的定位精度完全能保证。主要是粗、精铣削各内轮廓、外轮廓、凸台内外侧时比较关键，铣削平面内轮廓时尽量采用顺铣方式加工，以降低表面粗糙

度值，同时粗、精加工时对零件的变形影响比较小。

（6）选择切削用量　查表确定切削速度和进给量，然后计算出机床主轴转速和机床进给速度，详见数控加工工序卡片。

3. 编程零点的设定

该零件外形规则，所加工的图形对称。零件在 X 轴方向和 Y 轴方向的设计基准为左端 ϕ10mm 孔中心；加工零件时，零件的定位和工件坐标系的找正都比较容易。所以根据设计基准和定位基准重合的原则，在加工底面时，X、Y 轴原点可设在侧面两面的交点，Z 轴原点设在零件的加工面。在加工上表面时，选用左端 ϕ10mm 孔中心为编程坐标原点，Z 轴原点设在零件的上表面。这样对手工编程或计算机辅助编程都比较方便：对于手工编程，可以少计算一些点，编程时可以利用镜像编程；对计算机辅助编程而言，则画图速度很快，图形对左端 ϕ10mm 孔的中心上下对称，左右为基准点。所以，选择左端 ϕ10mm 孔中心为编程原点和工件原点。工件坐标系如图 6-22 所示。

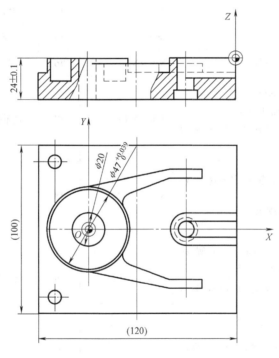

图 6-22　工件坐标系

4. 编制程序

编制程序的前提是确定编程坐标系，计算出零件图上的各交点、切点或矢量点。编程的方法应根据零件的特点和具体情况而定。

用铣刀加工零件时，铣刀尽量避免在零件实体处下刀。下刀处还要考虑夹具和附件的位置，避免发生碰撞和干涉。

下面是该零件的参考程序。数控程序的具体加工范围及清单见数控程序卡片和数控程序清单。

数控程序卡片

厂名		数控程序卡片		产品型号			第1页
				零组件号			共1页
工序名称	数铣	工序号	25	设备型号	VMC750	程序编号	O0001

工步	加 工 内 容	程序起止号	刀位号	刀具名称	刀具规格	量具号
5	粗铣底面	N1～N7	T1	面铣刀	ϕ150mm	
10	精铣底面	N10～N16	T2	面铣刀	ϕ150mm	
15	粗铣上表面	N20～N26	T1	面铣刀	ϕ150mm	
20	精铣上表面	N30～N36	T2	面铣刀	ϕ150mm	
25	钻$2\times\phi$8mm、$2\times\phi$10mm 中心孔	N40～N48	T3	中心钻	ϕ3mm	
30	钻$2\times\phi8_{0}^{+0.09}$mm 孔	N50～N55	T4	麻花钻	ϕ8mm	
35	钻$2\times\phi10_{0}^{+0.022}$mm 孔	N60～N66	T5	麻花钻	ϕ9.5mm	
40	粗镗$2\times\phi10_{0}^{+0.022}$mm 孔	N70～N76	T6	粗镗刀	ϕ9.85mm	
45	1）粗铣由 ϕ20mm 的外圆和$\phi47_{0}^{+0.039}$mm孔组成的环形槽 2）粗铣右端凸台处宽 10mm，深为 12mm 的槽	N80～N101	T7	键槽铣刀	ϕ8mm	
50	1）粗加工其余各内轮廓、外轮廓、凸台外侧 2）粗铣 ϕ50mm 的外圆	N120～N126	T8	立铣刀	ϕ10mm	
55	1）精铣由 ϕ20mm 的外圆和$\phi47_{0}^{+0.039}$mm孔组成的环形槽 2）精铣右端凸台处宽为 10mm，深为 12mm 的槽	N130～N161	T9	键槽铣刀	ϕ8mm	
60	1）精铣其余各内轮廓、外轮廓、凸台外侧 2）精铣 ϕ50mm 的外圆	N170～N176	T10	立铣刀	ϕ10mm	
65	精镗$2\times\phi10_{0}^{+0.022}$mm 孔	N180～N186	T11	精镗刀	ϕ10mm	
70	铣底面ϕ14mm 的沉孔	N190～N198	T10	立铣刀	ϕ10mm	

标记	更改单编号	签名	标记	更改单编号	签名
编程员		校对		审核	批准

数控程序清单

数控系统	数控程序清单			产品型号			共 5 页
FANUC 0i-M				零组件号			第 1 页
工序名称	数铣	工序号	25	设备型号	VMC750	程序编号	O0001

O0001;

（粗铣底面 TOOL-T1,DIA-150,面铣刀）

N1　T1　M6;

N2　G55　G90　G00　X-115　Y0;

N3　G43　H1　Z50　S1500　M3;

N4　Z10;

N5　G01　Z0.5　F2000;

N6　X170　F200;

N7　G00　Z50;

（精铣底面 TOOL－T2,DIA－150,面铣刀）

N10　T2　M6;

N11　G55　G90　G00　X-115　Y0;

N12　G43　H2　Z50　S1500　M3;

N13　Z10;

N14　G01　Z0　F2000;

N15　X170　F160;

N16　G00　Z50;

（翻面,粗铣上表面）

（TOOL-T1,DIA-150,面铣刀）

N20　T1　M6;

N21　G54　G90　G00　X-115.0　Y0;

N22　G43　H1　Z50　S150.0　M3;

N23　Z10;

N24　G01　Z0.5　F2000;

N25　X170　F200;

N26　G00　Z50;

（精铣上表面　TOOL-T1,DIA－150,面铣刀）

N30　T2　M6;

N31　G54　G90　G0　X-115　Y0;

N32　G43　H2　Z50　S1500　M13;

N33　Z10;

N34　G01　Z0　F2000;

N35　X170　F200;

N36　G00　Z50;

（钻各孔中心 TOOL-T3,DIA－A3,中心钻）

N40　T3　M6;

N41　G54　G00　G90　X-20　Y-40;

N42　G43　H3　Z50M　S2000　M3;

N43　G98　G81　Z-3　R5　F200;

N44　Y40;

N45　X0　Y0;

N46　X60;

N47　G80;

N48　G00　Z100;

（钻 2×φ8mm,TOOL-T4,DIA－8,麻花钻）

N50　T4　M6;

N51　G54　G00　G90　X-20　Y-40;

N52　G43　H4　Z50　M8　S800　M3;

N53　G98　G83　Z-28　R6　Q5　F60;

N54　Y40;

N55　G80;

N56　G00　Z100;

标记	更改单编号	签名	标记	更改单编号	签名
编程员		校对		审核		批准	

（续）

数控系统	数控程序清单		产品型号		共5页
FANUC-0*i*-M			零组件号		第2页
工序名称	数铣	工序号	25	设备型号	VMC750	程序编号	O0001

（钻2×φ10mm孔,TOOL-T5,DIA‑9.5,麻花钻）

N60　T5　M6;

N61　G54　G00　G90　X0　Y0;

N62　G43　H5　Z50　M8　S600　M3;

N63　G98　G83　Z-28　R5　Q5　F50;

N64　Y60;

N65　G80;

N66　G00Z100;

（粗镗2×φ10mm孔,TOOL-T6,DIA‑9.85,粗镗刀）

N70　T6　M6;

N71　G54　G00　G90　X0　Y0;

N72　G43　H6　Z50　M8　S900　M3;

N73　G98　G76　Z-28　R5　Q0.1　F65;

N74　Y60;

N75　G80;

N76　G00　Z100;

（粗铣由φ20mm的外圆和$\phi47^{+0.039}_{0}$mm孔组成的环形槽）

（TOOL-T7,铣刀‑φ8mm,D7＝D＋0.5,H7＝H＋0.5,D、H为刀具实际值）

N80　T7　M6;

N81　G54　G00　G90　X16.7　Y0;

N82　G43H7　Z50　M8　S500　M3;

N83　G01　Z3　F2000;

N88　G01　G40　X16.7;

N84　Z-9.5　F30;

N85　G3　I-16.7　F45;

N86　G01　G41　D7　X23.5　Y0;

N87　G3　I-23.5;

N89　G01　G42　D7　X10;

N90　G03　I-10;

N91　G01　G40　X16.7;

N92　G00　Z100;

（粗铣右端凸台处宽10mm,深为12mm的槽）（TOOL-T8,DIA-φ10mm,铣刀 H8＝H＋0.5,D8＝D＋0.5,D为刀具实际参数）

N100　T8　M6;

N101　G00　G90　G54　X100　Y0　S500　M3;

N103　G43　H7　Z50　M8;

N104　G01　Z3　F2000;

N105　Z-11.5　F30;

N106　G01　X60　F45;

N107　G01　G41　D7　Y-5;

N108　X100;

N109　Y5;

N110　X60;

N111　G01　G40　Y0;

N112　G00　Z100;

（粗铣40°内轮廓、外轮廓、右端凸台外侧,粗铣φ50mm的外圆）

（注:残料部分没有程序）

（H8＝H＋0.5,D8＝D＋0.5,D、H为刀具实际参数）

标记	更改单编号	签名		标记	更改单编号	签名
编程员		校对		审核		批准

（续）

数控系统	数控程序清单		产品型号		共 5 页
FANUC-0*i*-M			零组件号		第 3 页
工序名称	数铣	工序号　25	设备型号　VMC750	程序编号	O0001

（TOOL-T8,DIA－ϕ10,立铣刀）

N120　T8　M6；

N121　G54　G00　G90　X85　Y-60；

N122　G43　H8　Z50　S650　M13；

N123　D8；

N124　G01　Z-10　F100；

N125　M98　P0010；

N126　G00　Z100；

（精铣由 ϕ20mm 的外圆和 $\phi47^{+0.039}_{0}$ mm 孔组成的环形槽）

（TOOL-T9,DIA－ϕ8,铣刀）

N130　T8　M6；

N131　G54　G00　G90　X16.7　Y0　S650　M3；

N132　G43　H9　Z50　M8；

N133　G01　Z3　F2000；

N134　Z-9.4　F30；

N135　G03　Z-10　I-16.7　F50；

N136　G01　G41　D9　X23.5　Y0；

N137　G03　I-23.5；

N138　G01　G40　X16.7；

N139　G01　G42　D9　X10；

N140　G03　I-10；

N141　G01　G40　X16.7；

N142　G00　Z100；

（精铣右端凸台处宽 10mm,深为 12mm 的槽）

（TOOL-T9,DIA－ϕ10,键槽铣刀）

N150　T9　M6

N151　G00　G90　G54　X100　Y0；

N152　G43　H9　Z50　M8　S650　M3；

N153　G01　Z3　F2000；

N154　Z-12　F30；

N155　G01　X60　F50；

N156　G01　G41　D9　Y-5；

N157　X100；

N158　Y5；

N159　X60；

N160　G01　G40　Y0；

N161　G00　Z100；

（精铣40°内轮廓、外轮廓、右端凸台外侧,精铣 ϕ50mm 的外圆）

（注:残料部分没有程序）

（TOOL-T10,DIA－ϕ10,立铣刀）

N170　T10　M6；

N171　G54　G00　G90　X85　Y-60；

N172　G43　H10　Z50　S700　M13；

N173　D10；

N174　G01　Z-10　F100；

N175　M98　P0010；

N176　G00　Z100；

标记	更改单编号	签名	标记	更改单编号	签名
编程员		校对	审核		批准

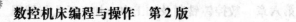

（续）

数控系统		数控程序清单			产品型号		共5页
FANUC-0*i*-M					零组件号		第4页
工序名称	数铣	工序号	25	设备型号	VMC750	程序编号	O0001

（精镗 2×φ10 孔,TOOL-T11,DIA – 10,精镗刀）

N180　T11　M6;

N181　G54　G00　G90　X0　Y0;

N182　G43　H11　Z50　M8　S1200　M3;

N183　G98　G76　Z-26　R5　Q0.03　F100;

N184　Y60;

N185　G80;

N186　G00　Z100;

（翻转,铣底面 φ14mm 的沉孔,坐标重设）

（TOOL-T10,DIA – φ10,立铣刀）

N190　T10　M6;

N191　G56　G00　G90　X0　Y0;

N192　G43　H10　Z50　M8　S1200　M3;

N193　G01　Z5　F2000;

N194　G01　G41　D10　X7;

N195　G03　I-7;

N196　G01　G40　X0　F100;

N197　G00　Z100;

N198　M30;

标记	更改单编号	签名	标记	更改单编号	签名
编程员		校对		审核	批准

（续）

数控系统	数控程序清单		产品型号		共 5 页
FANUC-0*i*-M			零组件号		第 5 页
工序名称	数铣	工序号 25	设备型号 VMC750	程序编号	O0001

（子程序）

O0010

（铣40°内轮廓、外轮廓）

N1　G00　G90　X85　Y-60；

N2　Z50；

N3　G01　Z2　F2000；

N4　G01　Z-10　F60；

N5　G41　Y-45；

N6　G03　X75　Y-35　R10；

N7　G01　X50；

N8　X-4.689　Y-24.556；

N9　G02　Y-24.556　R25；

N10　G01　X50　Y35

N11　X75；

N12　Y30；

N13　X51.778；

N14　G03　X48.331　Y29.387　R10；

N15　G01　X24.964；

N16　G03　X21.8　Y12.238　R6；

N17　G02　Y-12.238　R25；

N18　G03　X24.964　Y-20.8087　R6；

N19　G01　X48.331　Y-29.387；

N20　G03　X51.778　Y-35　R10；

N21　G01　X75；

N22　Y-40；

N23　G03　X85　Y-50　R10；

N24　G01　G40　X95；

N25　G00　Z50；

N26　X110　Y-35；

（铣右端凸台外侧）

N27　G01　Z5　F2000；

N28　G01　Z-10　F60；

N29　G41　Y-20；

N30　G03　X100　Y-10　R10；

N31　G01　X60；

N32　G02　Y10　R10；

N33　G01　X100；

N34　G03　X110　Y20　R10；

N35　G01　G40　Y35；

N36　G00　Z50；

（铣ϕ50mm 的外圆）

N37　X-65　Y-20；

N38　G01　Z2　F2000；

N39　G01　Z-5　F60；

N40　G41　X-45；

N41　G03　X-25　Y0　R20；

N42　G02　I25；

N44　G03　X-45　Y20　R20；

N45　G01　G40　X-65；

N46　G00　Z50；

N47　M99；

标记	更改单编号	签名	标记	更改单编号	签名
编程员		校对	审核		批准

零件的机械加工工艺规程卡片如下。

机械加工工艺规程卡片

产品型号		零件图号		产品名称		第1页
材料牌号	2A12			零件名称		共1页
型材代号	板材	毛坯重量			数量	1件

工序号	工序名称	工艺内容	刀具	量具	夹具	设备
5	下料	120mm×100mm×26mm;1块				
10	钳	去除锐边、毛刺				
15	铣	铣四方按120mm×100mm加工,保证各面间垂直度误差不大于0.05mm	立铣刀	卡尺	台虎钳	
		从此工序起进行洗涤油封				
20	钳	去毛刺				
25	数铣	加工零件全部,满足零件图样要求				
30	钳	去毛刺				
35	检	按零件图检验				
		油封入库				

编　制		校　对		审　核		会　签	

5. 重点、难点提示

(1) 零件的装夹　该零件外形规则,所以选用通用夹具就可以了,在加工中选用台虎钳。该零件外形已经加工成形,所以不再考虑。加工时首先要加工出一个大平面来,也就是定位基准。加工时必须找正已加工的外形,在水平方向（X轴方向）和垂直方向（Z轴方向）,否则不能保证加工出的表面和外形垂直。加工好一面后,把零件翻过来,加工另一面。加工前的装夹非常关键,目的是确保零件的平行度要求。在装夹零件时,零件底面必须和夹具的底面贴紧,用0.02~0.04mm的塞尺检验,零件四周都要检测。另外,台虎钳夹紧的力度要适中,否则零件会上翘,导致零件底面和夹具面较难贴平;夹紧力过大,零件也会变形。

(2) 零件的变形　零件 ϕ50mm 外圆和 ϕ47mm 内孔之间的壁厚只有1.5mm。若工序安排不当,零件就会变形。所以,在安排工序时,必须分为粗加工和精加工工序,让零件在粗加工后,应力得到释放,精加工时就会修正粗加工后的变形。另外,在粗加工时,一定要先加工外圆后再加工内孔,因为若外部余量大,所使用的刀具直径大,加工时扭矩大,变形也会较大。

（3）零件 $\phi 50mm$ 外圆的接刀痕问题　加工零件 $\phi 50mm$ 外圆时，在 Z 轴方向不能一次加工到位，必须分两次加工。所以深度方向（Z 轴方向）上必须考虑接平的问题。首先，考虑粗、精加工中所留余量，余量不能太多，也不能太少，要根据经验和理论结合确定。另外，考虑上下加工的顺序，必须先加工尺寸深度为 10mm 处，然后加工深度为 4mm 处。这样可有效防止加工底部轮廓时对上半部分的影响，最后加工上半部分有助于调整与下半部分的对接情况，通过调整刀具偏置量得到修正。

加工零件 $\phi 50mm$ 底部 40° 内轮廓及 70mm 处的外轮廓时，必须选用同一把刀。这样底部的值可以通过直接测量 $\phi 50mm$ 外圆来控制；而且 $\phi 50mm$ 两半圆和圆心对称，这样在加工 $\phi 50mm$ 外圆上半部分时，可以通过修改刀具偏置量或程序实现和下半部分的 $\phi 50mm$ 外圆对接时无刀痕。

（4）加工 40° 内轮廓时 $R6mm$ 处以及和 $\phi 50mm$ 的接刀痕

1）加工 40° 处的内轮廓的选刀。加工 40° 处的内轮廓时，刀具直径不能太小，否则在精加工时，就会因 $R6mm$ 处的余量相对其他地方太大而使刀具受力不均，从而出现让刀和啃刀。此处，加工表面常常表现为螺纹状的表面，会发出尖叫等。所以，选刀时尽量选择直径足够大的铣刀，但直径也不能超过 $\phi 12mm$，否则因刀具的半径大于转角半径，程序会报警。有时因数控系统不同，当选择直径为 $\phi 12mm$ 铣刀时，系统也会报警，可在刀具参数栏中把刀具补偿值 D1 输入为 "5.9999"，以避免产生报警。

2）内轮廓时 $R6mm$ 处以及和 $\phi 50mm$ 的接刀。此处加工时不能停止或改变进给速度。在加工内轮廓时的 $R6mm$ 处以及 $\phi 50mm$ 处时，因加工中无法测量，所以只能靠保证其他尺寸从而间接保证此处的值；也就是说，在加工内轮廓时，因为选用的刀具是同一把刀，所以加工的零件表现出同样的特性，可以测量 $70^{+0.2}_{0}mm$ 的内侧来间接获知 $\phi 50mm$ 的值。

（5）右端 $\phi 10mm$ 内孔的孔径和表面粗糙度的保证　根据 $\phi 10mm$ 内孔的尺寸公差和表面粗糙度的要求，其加工必须分为粗加工和精加工。在精加工中选择加工方法时，考虑到和 10mm 的槽的加工顺序有关，如果先加工 $\phi 10mm$ 内孔，则可以选择铰刀，否则就选用镗刀；因为铰刀在受力不均匀的情况下会有很大的位移及让刀，加工出的孔不正。当 10mm 的槽加工出来后，选用镗刀可以找正孔的轴线。

注意，粗加工 $\phi 10mm$ 内孔时，钻孔应放在铣槽之前，这样能有效防止孔钻歪。粗加工孔后再安排槽的加工，最后安排内孔的精加工，这样能有效防止铣刀将已加工好的 $\phi 10mm$ 内孔划伤及造成其他的影响。另外，镗刀一次，可以解决内孔因上下两次加工不到位的接刀问题。

用镗刀镗孔时，切削参数（背吃刀量、转速、进给量）的选择很关键，加工余量的预留量也很重要。在镗 $\phi 10mm$ 内孔的上半部分时是断续切削，所以在镗刀进入下半部分时，因为让刀的缘故，在接口处可能会出现环形划痕。

（6）$\phi 20mm$ 外圆和 $\phi 47^{+0.039}_{0}mm$ 内孔组成的环形内槽的加工　环形内槽为不通孔，根部为尖角，即无圆弧过渡。在加工中首先要确定刀具种类，铣刀的刀尖角一定是直角或接近于直角，一般铣刀的刀尖圆弧半径为 $R0.1mm \sim R0.3mm$。其次是考虑铣刀的直径，确定直径的大小时，首先要考虑刚度问题，在条件允许的情况下直径越大越好。因环形内槽的宽度为13.5mm，刀具直径不能大于13.5mm。此外，还要考虑最后铣削时槽的实际宽度和精加工余量。在精铣时，铣刀下刀时最好能做到无切屑下刀，否则零件就会出现啃刀而报废。对于铣刀的长度，在条件允许的情况下越短越好，这样铣刀的刚度相对也要好一些。

铣刀在下刀时可以选择垂直下刀或螺旋下刀。若选择垂直下刀，要考虑是钻中心孔还是铣刀直接切削下刀，钻中心孔的话可以选择铣刀有中心孔的，否则应选择键槽铣刀。螺旋下刀要考虑吃刀量，实际深度不能大于中心孔的深度。还要考虑对内孔和外圆的干涉。

对于不通孔底部表面粗糙度的保证：当铣刀铣至图样最终尺寸时，常会有缺陷出现，原因是铣刀的进给方向突然改变而产生让刀，所以要留一定余量进行精加工。

ϕ47mm 内孔尺寸精度的保证：ϕ47mm 内孔尺寸精度为 IT8 级，表面粗糙度值为 Ra3.2mm 铣削加工较难保证，在铣削时除切削用量、加工余量的考虑之外，最重要的是铣刀的进刀和退刀。对尺寸精度高的表面，要防止接刀痕的出现，一般采用切线方向切入和切出，又因加工对象为内孔，所以只能采用圆弧切入和切出。加工路线为切入或切出时，就要考虑铣刀在由 ϕ20mm 外圆和 $\phi47^{+0.039}_{0}$mm 内孔组成的环形内槽的干涉问题，要做到任何表面间均不得出现干涉。

复习思考题

1. 数控铣床的主要功能及主要加工对象有哪些？
2. 简述加工中心的定义及功能。
3. 试根据图6-23～图6-25编写零件精加工程序。

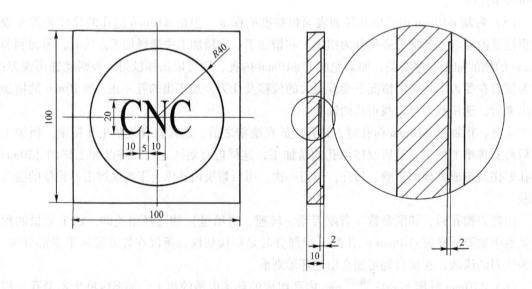

图6-23 铣削工件图样（一）

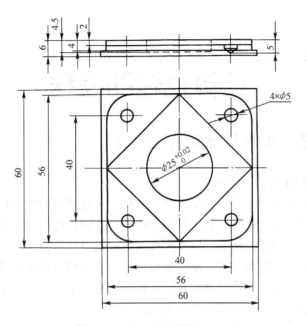

图 6-24　铣削工件图样（二）

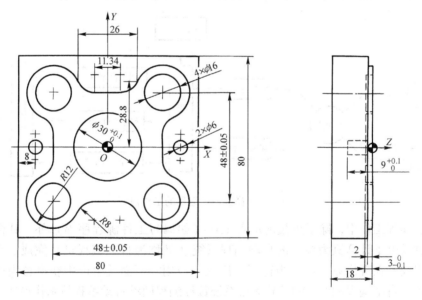

毛坯尺寸为：80mm×80mm×18mm

图 6-25　铣削工件图样（三）

第七章

计算机辅助编程

一、计算机辅助编程的分类

通过本书前几章的学习，并由大量的加工实例，可知手工编程的烦琐程度及难度。因涉及编程中的工艺处理、数值计算、加工程序单的填写、制备控制介质及程序校验等一系列工作，几乎全部依靠人工完成，而对二维非圆曲线或三维空间曲面类工件的编程，因需要计算成千上万个刀位数据，工作量太大，单就填写其加工程序单一项也很难现实。

采用计算机辅助编程，称为自动编程，能较好地解决手工编程面临的复杂、烦琐、费时甚至无解等诸多难题，并且可节省时间和人力。

计算机辅助编程是利用计算机和相应前置、后置处理软件，对工件源程序或 CAD 图形进行处理，以得到加工程序的一种编程方式，其工作流程如图 7-1 所示。

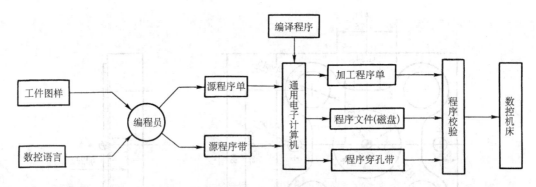

图 7-1　计算机辅助编程的工作流程

在自动编程工作中，除了少量的准备工作（如编写工件源程序等）外，其余一系列工作全部通过以电子计算机为核心的自动编程系统（又称为自动编程机）完成。因此，计算机自动编程技术在现代数控加工中得到了广泛的应用。下面就生产中获得较为广泛应用的 APT 数控语言自动编程和 CAD/CAM 集成系统数控编程两种自动编程技术作简要介绍。

1. APT 数控语言自动编程

APT 语言是一种专门用于机械工件加工的自动编程语言。APT 是英文 Automatically Programmed Tools 的缩写。APT 语言系统源于美国，从 1953 年研制成功的 APT-Ⅰ型（需预先给出各线段的终点坐标值），1958 年的 APT-Ⅱ型（平面曲线轮廓），1961 年的 APT-Ⅲ型（3~5 坐标立体曲面轮廓），发展到 1970 年的 APT-Ⅳ型（自由曲面轮廓，多种后置处理），APT 语言能够成为对工件、刀具的几何形状及刀具相对于工件的运动等进行定义时所用的一种接近英语的符号语言。把用 APT 语言书写的工件加工程序输入计算机，经 APT 语言的编程系统编译产生刀位文件，然后进行数控后置处理，即可生成数控系统能够接受的工件数控加工程序。APT 语言自动编程的工作流程如图 7-2 所示。

采用 APT 语言自动编程，由于使用计算机代替程序编制人员完成了烦琐的数值计算工作，并省去了编写程序清单的工作量，因此可将编制数控程序的效率提高数十倍，同时也解决了手工编程中无法解决的许多编程难题。

2. CAD/CAM 集成系统数控编程

CAD 即 Computer Aided Design（计算机辅助设计），CAM 即 Computer Aided Manufacturing（计算机辅助制造）。

（1）图形交互编程方法　图形交互编程方法是在计算机辅助设计系统的基础上发展起来的。工件设计的每一个阶段都通过 CAD 系统的操作来实现和储存。由于设计数据储存在数据库中，故要使用另外的软件来调用这些信息并处理成数控加工指令，这就是早期没有采用集成的 CAD/CAM 技术情况下，数控程序编制人员在图形终端或图形工作站上，利用系统提供的图形设计、数控定义和加工的功能，根据工件图样尺寸和工艺要求，在屏幕上画出工件图，进行数控定义，输入工艺参数，产生刀位轨迹，最后生成数控加工指令的图形交互编程方法。

（2）CAD/CAM 集成系统数控编程　目前，CAD/CAM 系统集成技术已经很成熟，CAD/CAM 集成系统数控编程已经成为自动编程技术的主流。程序编制人员可利用各种交互手段，通过图像系统，以人与计算机"实时对话"的方式在机内逐步生成工件几何图形数据和刀具轨迹数据，并显示图形，同时可对图形的内容、格式、大小或色彩等进行控制。在生成图形和

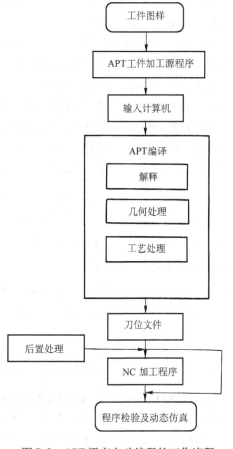

图 7-2　APT 语言自动编程的工作流程

刀具轨迹的过程中，系统能直观地表示出每一次进给运动的过程和运动顺序，这实际上就是对实际加工过程的三维动态仿真。

根据现代集成的 CAD/CAM 系统应用情况，图形交互数控系统编程方法有两种：一是数控编程工作站，通过接口接受 CAD 工作站输出的以数控语言表示的工件源程序或刀位文件，然后由编程软件处理成数控加工程序；另外一种是 CAD/工作站兼有交互编程软件直接产生刀位文件，通过用户自己配置的机床后置处理程序生成数控加工指令，这类系统本身具有集成的数据库，在几何元素与产生的数控数据之间存在着逻辑关系，对工件几何图形修改以后，数控数据自动地被修改。

二、手工编程与计算机辅助编程的区别

1. 自动编程的优点

（1）人工干预少，省时省力　在自动编程工作中，只需要编程人员按其系统规定的数

控语言编写出源程序并输入到系统中，不需要进行数学分析和复杂的数值计算，省去了手工填写工件的加工程序单及制备控制介质（如穿孔带）等大量既烦琐又容易出错的工作。

（2）处理迅速，不易出错　对数值计算，不论其复杂程度有多高，只要其源程序中有关的几何定义语句不填错，系统均能高速、准确地进行处理，即使因源程序写错而造成加工程序出错，通过自动编程系统先进、完善的诊断功能，也能方便地查出产生错误的位置及类型，有利于编程者进行相应的修改。

（3）准备工作简单，易于掌握　新型自动编程系统与传统的编程系统有着较大差异，编程者不需要学习任何一种专用数控语言，或在描述工件轨迹时不必与计算机进行冗长和烦琐的对话，使其准备工作更加简便。

（4）源程序很短，便于解决复杂计算　对由列表曲线或其他异形曲线等构成的复杂轮廓，编写其源程序长度（段数）往往仅是其所得加工程序的几十分之一或几百分之一，并且还可以方便地插入较复杂地计算（如拟合）语句及特殊的数学关系式。

2. 手工编程与自动编程的比较（表7-1）

表7-1　手工编程与自动编程的比较

比较项目	手工编程	自动编程
数值计算出错率	复杂、烦琐或无法计算	由计算机自动完成
表达工件程序方式	容易出错	可靠性高，不易出错
修改程序	用大量的数字和代码编写，查找困难，速度慢	用容易理解和记忆的符号描述，简单，迅速
复制及校验穿孔带	人工完成，费时，速度慢	由计算机自动完成
所需设备	极简单	备有一台通用计算机和相应的外围设备
对编程人员的要求	需具有较强的数学运算能力	只需掌握系统源程序写法

三、CAD/CAM集成数控编程系统介绍

20世纪90年代中期以后，CAD/CAM集成数控编程系统向集成化（integration）、智能化（intelligence）、网络化（network）、并行化（concurrent）和虚拟化（virtual）方向迅速发展，同时经历了从手工编程到CAD/CAM集成系统数控编程的过程。

1. CAD/CAM集成数控编程系统定义

CAD/CAM集成数控编程系统的定义为：以待加工工件的CAD模型为基础的集加工工艺规划（Process Planning）及数控编程为一体的自动编程方法。其中，零件CAD模型的描述方法多种多样，适用于数控编程的主要有表面模型（surface model）和实体模型（solid model），其中以表面模型在数控编程中应用较为广泛。以表面模型为基础的CAD/CAM集成数控编程系统，习惯上又称为图像数控编程系统。

CAD/CAM集成系统数控编程的主要特点是，工件的几何形状可在工件设计阶段采用CAD/CAM集成系统的几何设计模块在图形交互方式下进行定义、显示和修改，最终得到工件的几何模型（可以是表面模型，也可以是实体模型）。数控编程的一般过程，包括刀具的定义或选择、刀具相对于工件表面的运动方式的定义、切削加工参数的确定、进给轨迹的生成、加工过程的动态图形仿真显示、程序验证，直到后置处理等，一般都是在屏幕菜单及命令驱动等图形交互方式下完成的，具有形象、直观和高效等优点。

以实体模型为基础的数控编程方法，比以表面模型为基础的数控编程方法更为复杂，基于后者的数控系统一般只用于数控编程，也就是说，其工件的设计功能（或几何造型功能）是专为数控编程服务的，针对性强，也容易使用。典型的软件系统有 Mastercam、Surcam 等数控编程系统。前者则不同，其实体模型一般都不是专为数控编程服务的，甚至不是为数控编程而设计的。为了用于数控编程，往往需要对实体模型进行可加工性分析，识别加工特性（machining feature）（加工表面或加工区域），并对加工特征进行加工工艺规划，最后才进行数控编程，其中每一步可能都很复杂，需要在人工交互方式下进行。

2. CAD/CAM 集成系统自动编程的基本步骤

CAD/CAM 集成系统自动编程的工作流程如图 7-3 所示。目前，国内外图形交互式自动编程软件的种类很多，其软件功能、面向用户的接口方式有所不同，所以编程的具体过程及编程过程中所使用的指令也不尽相同。但从总体上讲，其编程的基本原理及基本步骤大体上是一致的，归纳起来可以分为五大步骤。

（1）工件图样及加工工艺分析　工件图样及加工工艺分析是数控编程的基础。

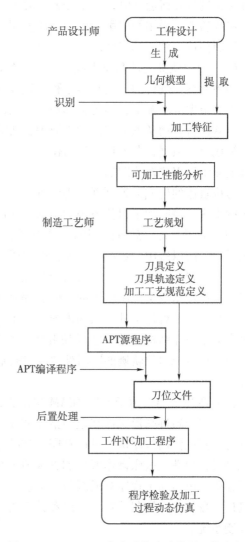

图 7-3　CAD/CAM 集成系统自动编程工作流程

CAD/CAM 集成系统自动编程和手工编程、APT 语言编程一样也首先要进行这项工作。目前，由于国内计算机辅助工艺过程设计（CAPP）技术尚未达到普及应用阶段，因此该项工作还不能由计算机承担，仍需依靠人工进行。

（2）几何造型　几何造型就是利用 CAD/CAM 集成系统自动编程软件的图形绘制、编辑修改、曲线曲面造型等有关指令，将工件被加工部位的几何图形准确地绘制在计算机屏幕上。与此同时，在计算机内自动形成工件的图形数据文件。这些图形数据是下一步刀位轨迹计算的依据。在自动编程过程中，软件将根据加工要求自动提取这些数据，进行分析判断和必要的数学处理，以形成加工的刀位轨迹数据。图形数据的准确与否直接影响着编程结果的准确性，所以要求几何造型必须准确无误。众所周知，工件图尺寸是按标准的标注方法进行标注的，通常并不标注图形节点的坐标值。因此如果先将图样的尺寸用人工的方法换算成节点的坐标值，然后再按节点坐标值将工件图形绘制到计算机上，就失去了自动编程的意义。

用计算机进行几何造型时，并不需要计算节点的坐标值，而是利用软件丰富的图形绘制、编辑、修改功能，采用类似手工绘图中所使用的几何作图方法，在计算机上利用各种几何造型指令绘制构造工件的几何图形。

（3）刀位轨迹的计算及生成 CAD/CAM 集成系统自动编程的刀位轨迹的生成是面向屏幕上的图形交互进行的，其基本过程是这样的：首先在刀位轨迹生成菜单中选择所需的菜单项，然后根据屏幕提示，用光标选择相应的图形目标，指定相应的坐标点，输入所需的各种参数。软件将自动从图形文件中提取编程所需的信息进行分析判断，计算出节点数据，并将其转换成刀位数据，存入指定的刀位文件中或直接进行后置处理生成数控加工程序，同时在屏幕上显示出刀位轨迹图形。

刀位轨迹的生成大致可划分为四种情况：点位加工刀位轨迹的生成，平面轮廓加工刀位轨迹的生成，槽腔加工刀位轨迹的生成，曲面加工刀位轨迹的生成。

（4）后置处理 后置处理的目的是形成数控指令文件。由于各种数控机床使用的控制系统不同，所以所用的数控指令文件的代码及格式也有所不同。为解决这个问题。软件通常设置一个后置处理文件，在进行后置处理前，编程人员需对该文件进行编辑，按文件规定的格式定义数控指令文件所使用的代码、程序格式、圆整化方式等内容，软件在执行后置处理命令时将自行按设计文件定义的内容，输出所需要的数控指令文件。另外，由于某些软件采用固定的模块化结构，其功能模块和控制系统是一一对应的，后置处理过程已固化在模块中，所以在生成刀位轨迹的同时便自动进行后置处理生成数控指令文件，而无需再进行后置处理。

（5）程序输出 由于 CAD/CAM 集成系统自动编程软件在编程过程中，可在计算机内自动生成刀位轨迹图形文件和数控指令文件，所以程序的输出可以通过计算机的各种外部设备进行，例如使用打印机，可以打印出数控加工程序单，并可在程序单上用绘图机绘制出刀位轨迹图，使数控机床操作者更加直观地了解加工的进给过程；使用由计算机直接连接的纸带穿孔机，可将加工程序穿成纸带，提供给读带装置的数控机床控制系统使用，对于标准通信接口的数控机床控制系统，可以和计算机直接联机，由计算机将加工程序直接送给数控机床控制系统。

◇◇◇ 第二节 计算机辅助编程常用软件及应用实例

一、CAD/CAM 软件及功能

CAD/CAM 系统软件是实现图形交互式数控编程必不可少的应用软件，随着 CAD/CAM 技术的飞速发展和推广应用，国内外不少公司与研究单位先后推出了各种 CAD/CAM 支持软件。目前，在国内市场上销售比较成熟的 CAD/CAM 支持软件有十几种，既有国外的也有国内自主开发的，这些软件在功能、价格、适用范围等方面有很大的差别，由于 CAD/CAM（特别是三维 CAD/CAM）软件技术复杂，售价高，并且涉及企业多方面的应用，因此企业在选择时要很慎重，并往往要花费很大的精力和时间。为此，原机械工业部于 1998 年专门组织了一批 CAD/CAM 方面的专家教授，对当时国内市场上销售和应用比较普遍的 CAD/CAM 支持软件进行了一次评测，并列举了一些典型的 CAD/CAM 软件，可供选择时参考。

1. CAXA—ME 系统

CAXA—ME 是由我国北航海尔软件有限公司自主开发研制的，基于微机平台，面向机械制造业的全中文三维复杂型面加工的 CAD/CAM 软件。它具有 2～5 轴数控加工编程功能，有较强的三维曲面拟合能力，可完成多种曲面造型，特别适用于模具加工的需要，并具有数控加工刀具路径仿真、检测和适合多种数控机床的通用后置处理功能。

2. UGⅡ（Unigraphics）系统

UGⅡ系统由美国 EDS（现为 UGS 公司）公司经销。它最早由美国麦道航空公司研制开发，从二维绘图、数控加工编程、曲面造型等功能发展起来。UGⅡ软件从推出至今已有 20 多年。UGⅡ系统本身以复杂曲面造型和数控加工功能见长，是同类产品中的佼佼者，并具有较好的二次开发环境和数据交换能力，可以管理大型复杂产品的装配模型，进行多种设计方案的对比分析、优化，为企业提供产品设计、分析、加工、装配、检验、过程管理、虚拟运作的全数字化支持，形成多极化的全线产品开发能力。该软件在国际市场上有庞大的用户群，其工作环境主要为工作站。另外，UG 公司还推出了在微机平台上的 UGⅡ及 Solid Edge 软件，由此形成了一个从低端到高端，并有 UNIX 工作站和 Windows NT 微机版的较完整的企业级 CAD/CAE/CAM/PDM 集成系统。

3. CATIA（NC MILL）系统

CATIA 是 IBM 公司推出的产品，可以管理大型复杂产品的装配模型，进行多种设计的全数字化支持，形成多极化的全线产品开发能力。该系统具有菜单接口和刀具轨迹验证能力，其主要编程功能与 APT—IV/SS 相同，除了不能对曲面交线区域编程外，在很多方面突破了 APT—IV/SS 的限制，并在以下几个方面有所改进：

1）在型腔加工编程功能上，采用扫描原理对带岛屿的型腔进行行切法编程；对不带岛屿的任意边界型腔（即不限于凸边界）进行环切法编程。

2）在雕塑曲面区域加工编程功能上，可以连续对多个工作面编程，并增加了截平面法生成刀位轨迹的功能。

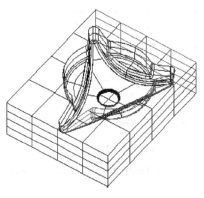

图 7-4　实体图

4. Solid Work 系统

Solid Work 是美国 Solid Work 公司推出的微机版参数化特征造型软件，具有运行环境大众化的实体造型实用功能，并集成了结构分析、数控加工、运动分析、注塑模分析、逆向工程、动态模拟装配、产品数据管理等各种专业功能。

5. CIMATRON 系统

CIMATRON 是以色列 Cimatron 公司提供的 CAD/CAM/PDM 软件，是较早在微机平台上实现三维 CAD/CAM 全功能的系统，并且也拥有应用于包括 SUN、DEC、SGI、HP、IBM 等各种工作站的版本。目前，运行于 Windows NT 系统的 CIMATRON V10.0 版本已在中国推出，并且北京宇航计算机软件公司（BACS）对系统进行了全面汉化，具有比较灵活的用户界面、优良的三维造型和工程绘图、全面的数控加工、各种通用和专用数据接口以及集成化的产品数据管理（PDM）。

6. Mastercam 系统

Mastercam 是美国 CNC Software INC 开发的基于 PC 平台的 CAD/CAM 软件，是经济、有效的全方位加工系统。Mastercam 总共分成四大模块：铣削、车削、线切割、实体设计。Mastercam 从诞生至今，以其强大的功能、稳定的性能成为欧美主要发达国家在工业、教育界的首选软件。实体是 Mastercam 从 V7 版后新增的一个模块，它的核心是 Parasolid。

二、CAM 软件应用实例

1. 水龙头手柄的曲面模型（Mastercam 8.0）设计及后置处理

（1）选 File-Get 指令，打开读取文件对话框

输入文件名：SHKNOBDEMODONE-MM. MC8。

按 OPEN（打开），屏幕显示图形，如图 7-4 所示。

（2）分析、编辑实体

1）转正视图并建立边框线，测出实体的长、宽、高。

2）偏移实体至编程原点，使实体的最高面为 0 面。

3）分析实体，确定加工方案。如果是硬质材料（如铝、钢、铁），可通过粗加工→半精加工→精加工；如果是软质材料（如塑料），只需要粗加工→精加工。现以铝材为例。

4）在编辑加工路线前对实体进行编辑，先绘制挡面，再画出加工范围等。

（3）绘制加工路线　分析实体时，已初步确定此实体可分为粗加工→半精加工→精加工。

1）粗加工。粗加工方式见表 7-2，在此用挖槽加工。

表 7-2　粗加工方式

Surface Roughing		Surface Roughing	
Parallel	平行式	Contour	等高外形式
Radial	径向式	Pocket	挖槽式
Project	投影式	Plunge	插入下刀式
Flowline	曲面流线式		

加工步骤：

① 选 Toolpaths—Surface—Rough—Pocket（刀具—曲面—粗加工—挖槽加工）指令。

Analyze	New	Rough	
Create	Contour	Finish	
File	Drill		
Modify	Pocket		
Xform	Face		
Delete	Surface	Drive	S
Screen	Multiaxis	CAD file	N
Solids	Operations	Check	N
Toolpaths	Job setup	Contain	Y
NC utils	Next menu		

Parallel

Radial
Project
Flowline
Contour
Restmill
Pocket
Plunge

② 选 All—Surfaces—Done（所有的—曲面—执行）。

Unselect   Unselect

Window   Window

                  Surfaces

All   —   All
Group   Color   Group
Result   Level   Result
Done   Mask   Done

　　曲面变成白色，并打开粗加工曲面挖槽式铣削对话框，设置刀具参数（Tool parame-ters）、曲面参数（Surface parameters）和粗加工挖槽参数（Rough pocket parameters）。

　　a. 刀具参数（Tool parameters）可设置主轴转速（Spindle）、进给速度（Feed rate）、Z 值进给率（Plunge）、退刀速率（Retract），刀具可设 φ10mm 的平刀，如图 7-5 所示。

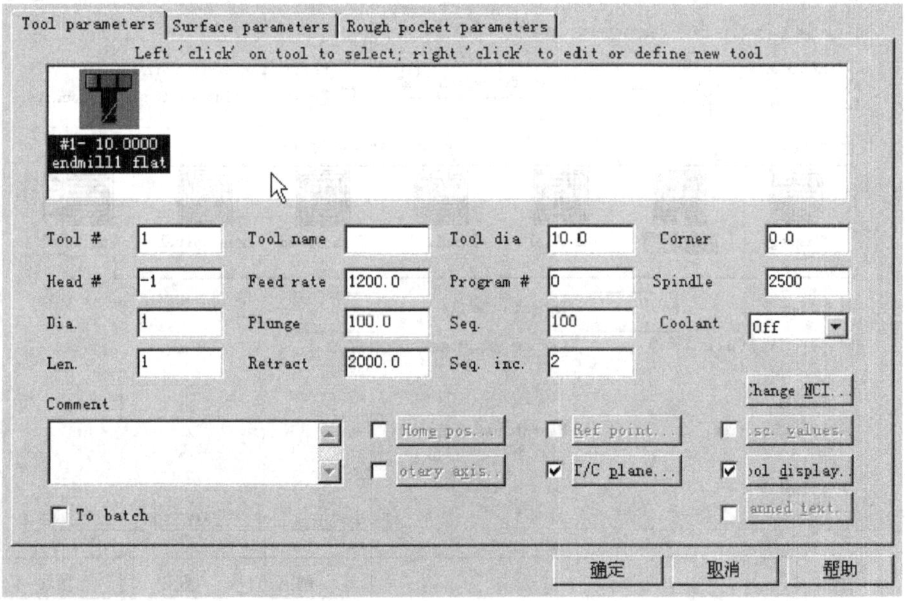

Tool parameters	Surface parameters	Rough pocket parameters

Left 'click' on tool to select; right 'click' to edit or define new tool

#1- 10.0000
endmill1 flat

Tool #	1	Tool name		Tool dia	10.0	Corner	0.0
Head #	-1	Feed rate	1200.0	Program #	0	Spindle	2500
Dia.	1	Plunge	100.0	Seq.	100	Coolant	Off
Len.	1	Retract	2000.0	Seq. inc.	2		

Change NCI...

Comment

□ Home pos...   □ Ref point...   □ isc. values...
□ otary axis... ☑ T/C plane...   ☑ ool display.
□ To batch   □ anned text...

确定   取消   帮助

图 7-5　设置刀具参数

b. 曲面参数（Surface parameters）可设置安全高度（Clearance）、退刀高度（Retract）、进刀高度（Feed plane）、刀尖补正（Tip comp）、加工余量（Stock to leave on drive）、加工范围（Prompt for tool center bound），如图7-6所示。

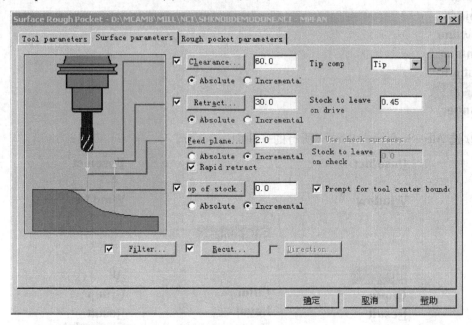

图7-6 设置曲面参数

c. 粗加工挖槽参数（Rough pocket parameters）可设置最大步进量（Max stepdown）、切削间距百分数（Stepover）、切削距离（Stepover distance）、切削深度（Cut depths），勾选螺旋下刀（Entry-helix），如图7-7所示。

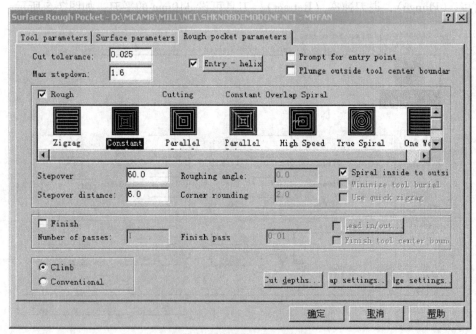

图7-7 设置粗加工挖槽参数

设置完曲面粗加工挖槽铣削参数，按确定，提示区提示串联一图素：

选取如图 7-8 所示的加工范围后，按 Done 进行计算。

③ 计算后在屏幕上生成曲面粗加工挖槽的加工路线，如图 7-9 所示。

粗加工步骤完成。

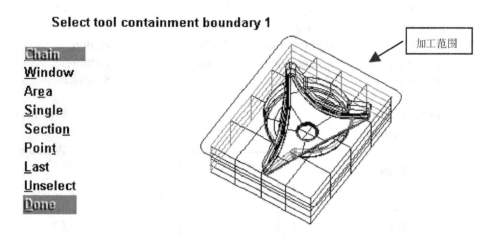

Select tool containment boundary 1

Chain
Window
Area
Single
Section
Point
Last
Unselect
Done

加工范围

图 7-8　加工范围

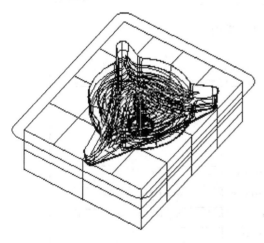

图 7-9　曲面粗加工挖槽的加工路线

表 7-3　精加工方式

Surface Finishing	
Parallel	平行式
Par. Steep	平行陡坡式
Radial	径向式
Project	投影式
Flowline	曲面流线式
Contour	等高外形式
Shallow	浅平面加工
Pencil	交线清角
Leftover	残料清角
Scallop	环绕等距

2）半精加工。可用精加工方式（表 7-3），不同之处在于半精加工是留有余量的精加工方式。此实体只要用等高外形式（Contour），其步骤如下：

① 选 Toolpaths—Surface—Finish—Contour（加工路线—曲面加工—精加工—等高外形）

② 选 Window—框选所有需要铣削的曲面—Done（窗口—框选所有需要铣削的曲面—执行）。在框选前先把视图平面设为 TOP 视图，框选所有需要铣削的曲面，如图 7-10 所示。

打开精加工等高式铣削对话框，设置刀具参数（Tool parameters），如图 7-11 所示。

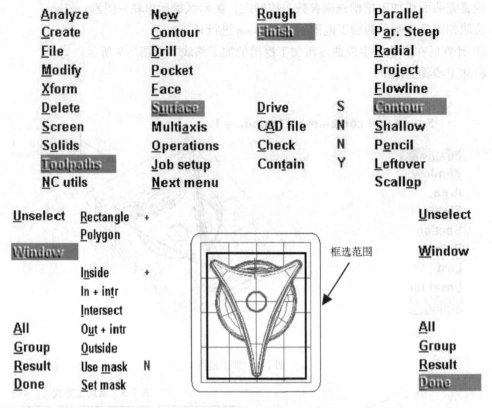

图 7-10　框选加工范围

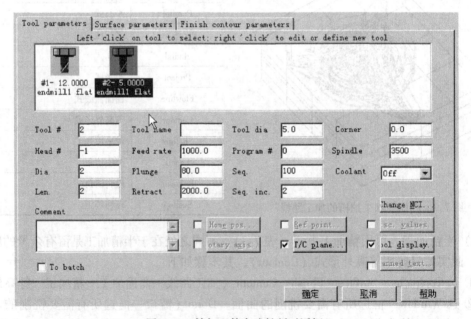

图 7-11　精加工等高式铣削对话框

曲面参数（Surface parameters）选项卡如图 7-12 所示。

按 Check surface/solid 栏的 Select… 按钮选择曲面：

Add
Remove
Remove all
Show
Done

Unselect

Window

All
Group
Result
Done

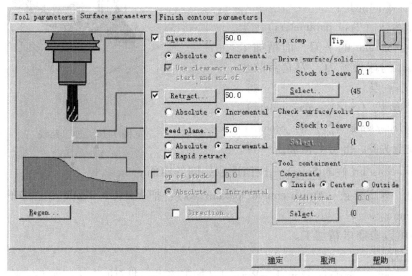

图 7-12　设置曲面参数

选取最高顶面的平面，再选择 Done，回到参数设置框，进行精加工等高参数（Finish contour parameters）设置，如图 7-13 所示。

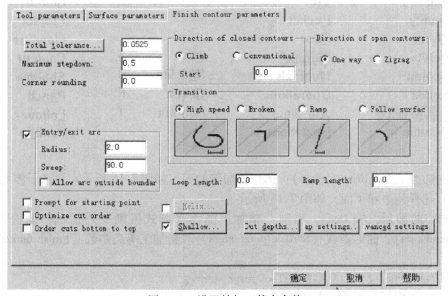

图 7-13　设置精加工等高参数

③ 设置完曲面精加工等高参数，按确定，提示区提示串连图素，直接按确认进行计算。

④ 产生加工路线，如图 7-14 所示。

3）精加工。此实体用等高铣（Contour）、平行铣（Parallel）和浅平面加工（Shallow）。

① 等高铣：具体可参照半精加工中的等高铣，下面只介绍不同之处。在出现等高铣削加工对话框之前的步骤与半精加工一样，不同的是：

a. 刀具参数（Tool parameters）：半精加工用的是 φ5mm 的平刀，而精加工用的是 φ3mm 的球形铣刀，刀具参数也可适当的调小一点。

b. 曲面参数（Surface parameters）：把 Drive surface/solid 栏中的 Stock to leave 参数设置为 0，再与半精加工一样，按 Check surface/solid 栏的 Select… 按钮选取相同的曲面。

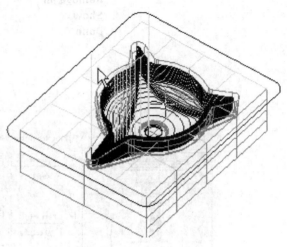

图 7-14　加工路线

c. 精加工等高参数（Finish contour parameters）：把 Maxium stepdown 栏中的 Z 轴步进量改成为 0.25mm。

后面还可以参照半精加工。

② 平行铣

a. 选 Toolpaths—Surface—Finish—Parallel（加工路线—曲面加工—精加工—平行铣削）

Analyze	New	Rough	Parallel
Create	Contour	Finish	Par. Steep
File	Drill		Radial
Modify	Pocket		Project
Xform	Face		Flowline
Delete	Surface	Drive　　S	Contour
Screen	Multiaxis	CAD file　N	Shallow
Solids	Operations	Check　　N	Pencil
Toolpaths	Job setup	Contain　Y	Leftover
NC utils	Next menu		Scallop

b. 先选加工面（drive surface）：选择要加工的面，如图 7-15 所示。再选干涉面（Check surface）：选择侧边和顶面，如图 7-16 所示。

c. 选完曲面后，按 Done，出现"精加工曲面平行式铣削"对话框，设置刀具参数（Tool parameters）、曲面参数（Surface parameters）和精加工等高参数（Finish contour parameters）。

按图 7-17 所示设置刀具参数（Tool parameters）。

按图 7-18 所示设置曲面参数（Surface parameters）。

精加工等高参数（Finish parallel parameters）：一般只设置步进量（X. stepover）、加工角度（Machining angle）、切削方式（Cutting method），最好是用双向的（Zigzag），如图 7-19 所示。

d. 设置完成，按确定。

图 7-15 选择加工面

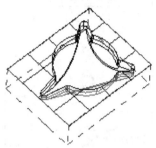

图 7-16 选择干涉面

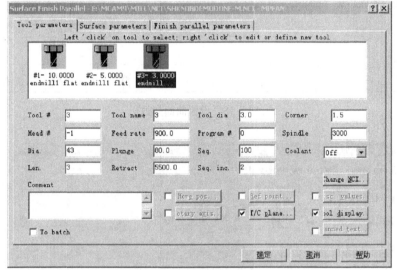

图 7-17 设置刀具参数

e. 计算并产生加工路线，如图 7-20 所示。

③ 浅平面加工（Shallow）

a. 选 Toolpaths—Surface—Finish—Shallow(加工路线—曲面加工—精加工—浅平面加工)。

Analyze			
Create	New		Parallel
File	Contour	Rough	Par. Steep
Modify	Drill	Finish	Radial
Xform	Pocket		Project
Delete	Face		Flowline
Screen	Surface		Contour
Solids	Multiaxis	Drive S	Shallow
Toolpaths	Operations	CAD file N	Pencil
NC utils	Job setup	Check N	Leftover
	Next menu	Contain N	Scallop

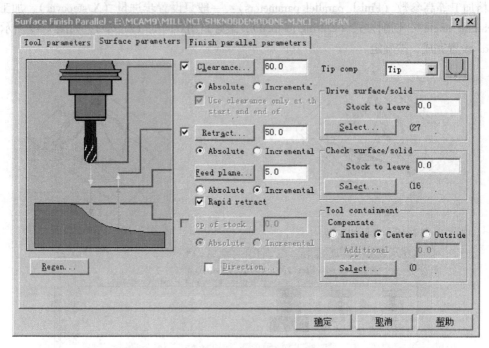

图 7-18　设置曲面参数

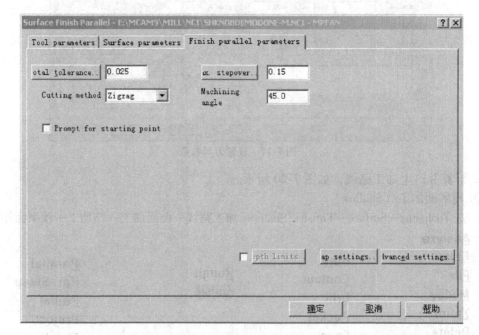

图 7-19　精加工等高参数

b. 选择顶面，按 Done。

c. 出现浅平面加工的参数对话框，刀具参数和曲面参数设置与前两项基本相同，此加工用的是 φ5mm 的平刀，其精加工浅平面参数如图 7-21 所示。

d. 设置完成后，按确定。

e. 计算并产生加工路线, 如图 7-22 所示。

(4) 进入加工路线检验

1) 选 Toolpaths—Operations。

Analyze

Create

File

Modify

Xform

Delete

Screen

Solids

Toolpaths

NC utils

New

Contour

Drill

Pocket

Face

Surface

Multiaxis

Operations

Job setup

Next menu

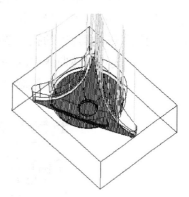

2) 出现 "Operations Manager" 对话框, 如图 7-23 所示。先选中 (Select all), 这时所有的加工路线都会勾选, 最后再选中 Verify。

3) 进入模拟状态, 图 7-24 为模拟结果。

(5) 进行程序后置处理 选中图 7-23 中的 Select all, 再选中图 7-23 中的 Post, 出现 "后置处理" 对话框, 如图 7-25 所示, 生成的程序如图 7-26 所示。

2. 烟灰缸的曲面模型设计及后置处理

(1) 选 File-Get 指令, 打开读取文件对话框

输入文件名: COVER. MC8。

图 7-20 生成加工路线

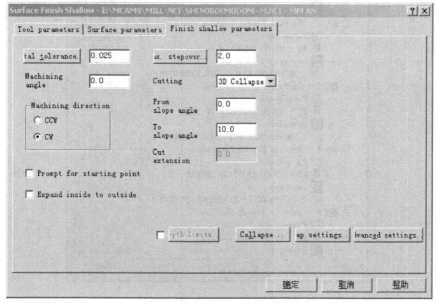

图 7-21 精加工浅平面参数对话框

按 OPEN（打开），屏幕显示图形，如图
7-27所示。

（2）分析、编辑实体

1）转正视图并建立边框线，测出实体的长、
宽、高。选择并确定刀具的类型。

2）偏移实体至编程原点，使实体的最高面
位为 0 面。

3）分析实体，确定加工方案。如果是硬质
材料（如铝、钢、铁），可通过粗加工→半精加
工→精加工；如果是软质材料（如塑料），只需
要粗加工→精加工。现以塑料为例。

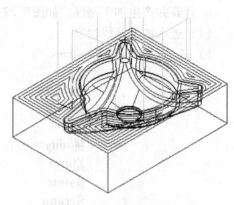

图 7-22　加工路线

4）在编辑加工路线前，对实体进行编辑，先绘制挡面，再画出加工范围等。

（3）绘制刀具路径　分析实体时，已初步确定此实体较好的加工路线为：先钻孔，再
进行粗加工→精加工。先钻孔的原因是防止粗加工（挖槽）完后，钻头在曲面上会有打滑
状态，使钻头偏摆加工的孔会变形。

钻孔：先用构建曲线中的一条边界曲线（create→curve→one edge）构建圆孔，分析此
孔的直径，然后进行刀具绘制。

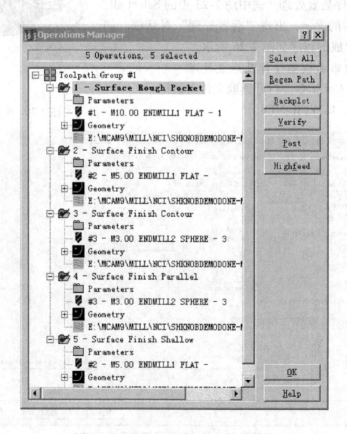

图 7-23　"Operations Manager" 对话框

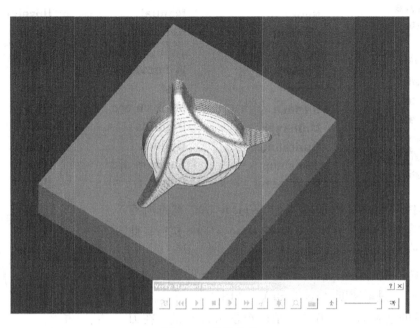

图 7-24 模拟结果

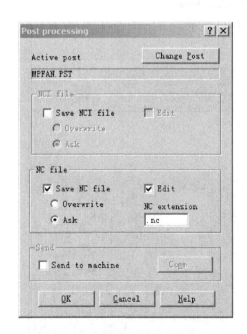

图 7-25 "后置处理"对话框

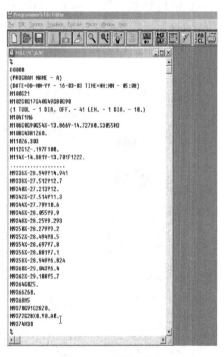

图 7-26 生成的程序

加工步骤：

1）选 Toolpaths-Drill（刀具—钻削）。

Analyze	New	Manual	Unselect
Create	Contour	Automatic	Chain
File	Drill	Entities	Window
Modify	Pocket	Window pts	
Xform	Face	Last	Area
Delete	Surface	Mask on arc	Only
Screen	Multiaxis	Patterns	All
Solids	Operations	Options	Group
Toolpaths	Job setup	Subpgm ops	Result
NC utils	Next menu	Done	Done

2）选择 Entities（图素），单击 Window 后，框选所有的图素，会自动选出所有圆，然后按 Done→Done 执行，此时会出现"钻削参数"对话框。

① 刀具参数（Tool parameters）：钻孔只要设置主轴转速（Spindle）、进给速度（Feed rate），如图 7-28 所示。

其刀具的选择为：在刀具显示区单击鼠标右键，在刀具显示右键菜单中选 Create new tool…（建立新刀具），设置为 φ3mm 的钻头。

② 钻孔参数（Peck drill – full retract）：设置安全高度（Clearance）、退刀高度（Retract）、进刀高度（Top of stock…）、钻孔深度（Depth）、循环（Cycle），如图 7-29 所示。

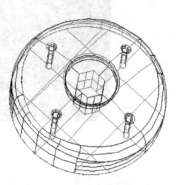

图 7-27 烟灰缸模型

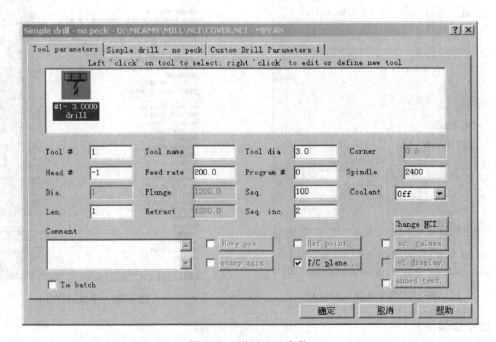

图 7-28 设置刀具参数

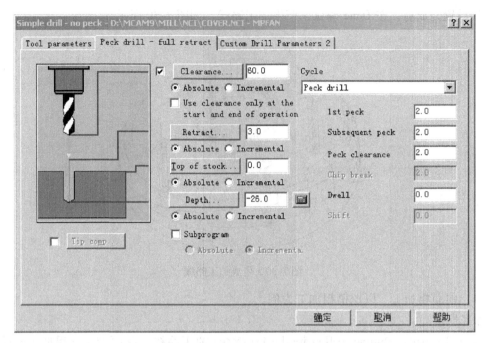

图7-29　设置钻孔参数

其中，循环（Cycle）提供了8种钻削循环选择给用户定义12种，从下拉式菜单中选择一选项，见表7-4。

表7-4　钻削循环选择

Cycle Peck drill	
drill/counterbore	一般钻孔/镗孔：钻削深度小于3倍钻头直径的孔
peck drill	步进式钻深孔：钻削深度大于3倍钻头直径的孔
chip break	断屑钻深孔：钻削深度大于3倍钻头直径的孔，部分退出钻孔，使用钻头去打断切屑
tap	攻螺纹-攻右螺纹或左螺纹内螺纹孔
bore 1#（feed-out）	镗孔1#用进给速度镗孔和退出孔，构建一个平滑表面的直孔
bore 2#（stop spindle, rapid out）	镗孔2#用进给速度，至孔底停止主轴旋转，刀具快速退回
fine bore（shift）	
misc. 2#	
custom cycle 9	
custom cycle 10	
custom cycle 11	
custom cycle 12	
…	

③ 设置完成后，按 Done 确认，产生加工路线，如图 7-30 所示。

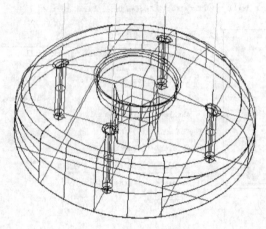

图 7-30　生成加工路线

（4）曲面粗加工　以挖槽粗加工为例。

加工步骤：

1）选 Toolpaths—Surface—Rough—Pocket 指令（加工路线—曲面加工—粗加工—挖槽加工）。

Analyze	New	**Rough**	
Create	Contour	Finish	
File	Drill		
Modify	Pocket		
Xform	Face		
Delete	**Surface**	Drive	S
Screen	Multiaxis	CAD file	N
Solids	Operations	Check	N
Toolpaths	Job setup	Contain	Y
NC utils	Next menu		

Parallel

Radial
Project
Flowline
Contour
Restmill
Pocket
Plunge

2）All—Surfaces—Done（所有的—曲面—执行）。

3）曲面颜色反白显示，并打开粗加工曲面挖槽式铣削对话框，设置刀具参数（Tool pa-

Unselect   Unselect

Window   Window

                    Surfaces

All   Color   All
Group   Level   Group
Result   Mask   Result
Done   Done

rameters)、曲面参数（Surface parameters）和粗加工挖槽参数（Rough pocket parameters）。

① 刀具参数（Tool paraneters）：设置主轴转速（Spindle）、进给速度（Feed rate）、Z 值进给率（Plunge）、退刀速率（Retract），刀具可选 $\phi6$mm 立铣刀，如图 7-31 所示。

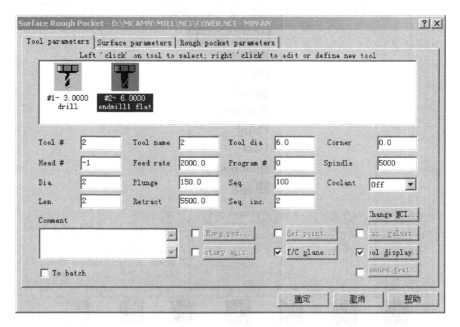

图 7-31　设置刀具参数

② 曲面参数（Surface parameters）：设置安全高度（Clearance）、退刀高度（Retract）、进刀高度（Feed plane）、刀尖补偿（Tip comp）、加工余量（Stock to leave on check）、加工范围（Prompt for tool center bound.），如图 7-32 所示。

③ 粗加工挖槽参数（Rough pocket parameters）：设置最大步进量（Max stepdown）、切削间距百分数（Stepover）、切削距离（Stepover distance）、切削深度（Cut depths），这时可不勾选螺旋下刀（Entry-helix）如图 7-33 所示。

4）设置完曲面粗加工挖槽铣削参数后按确定，提示区提示串联图素（Select tool containment bour）：

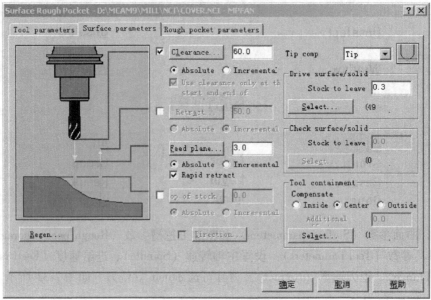

图 7-32　设置曲面参数

Chain
Window
Area
Single
Section
Point
Last
Unselect
Done

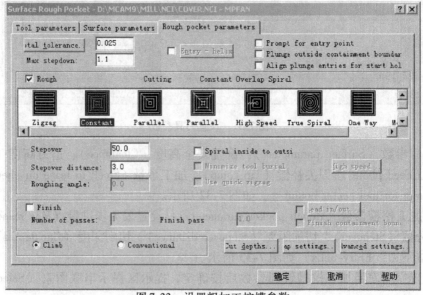

图 7-33　设置粗加工挖槽参数

选取如图 7-34 所示的加工范围后，按 Done 进行计算。

5）计算后在屏幕上生成曲面粗加工挖槽的刀具路径，如图 7-35 所示，粗加工步骤完成。

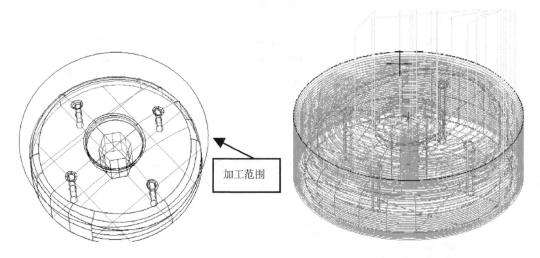

加工范围

图 7-34　选取加工范围　　　　　图 7-35　曲面粗加工挖槽的加工路线

（5）曲面精加工　此实体只介绍等高外形式（Contour）、径向式或称放射性精铣（radial）及二维外形铣削。

1）等高外形式（Contour）。加工步骤：

① 选 Toolpaths—Surface—Finish—Contour（加工路线—曲面加工—精加工—等高外形）

Analyze	New	Rough	Parallel
Create	Contour	Finish	Par. Steep
File	Drill		Radial
Modify	Pocket		Project
Xform	Face		Flowline
Delete	Surface	Drive　　S	Contour
Screen	Multiaxis	CAD file　N	Shallow
Solids	Operations	Check　　N	Pencil
Toolpaths	Job setup	Contain　Y	Leftover
NC utils	Next menu		Scallop

② 选 Window—框选所有需要铣削的曲面—Done（窗口—框选所有需要铣削的曲面—执行）。

Unselect	Rectangle　+	Unselect
	Polygon	
Window		Window

```
                        Inside          +
                        In + intr
                        Intersect
  All                   Out + intr                  All
  Group                 Outside                      Group
  Result                Use mask        N            Result
  Done                  Set mask                     Done
```

只要框选所有的曲面，使所有曲面颜色反白显示，然后按 Done。

③ 打开精加工等高式铣削对话框

a. 设置刀具参数（Tool parameters）：设置主轴转速（Spindle）、进给速度（Feed rate）、Z 值进给率（Plunge）、退刀速率（Retract），刀具可设 φ6mm 的球刀，如图 7-36 所示。

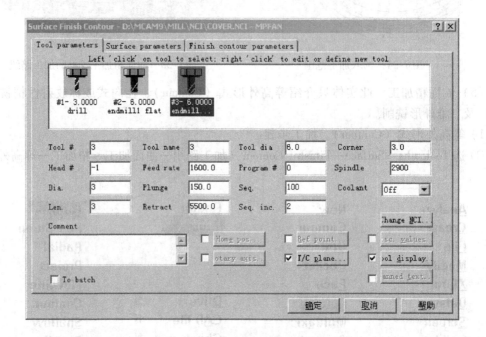

图 7-36　设置刀具参数

b. 曲面参数（Surface parameters）：设置安全高度（Clearance）、退刀高度（Retract）、进刀高度（Feed plane）、刀尖补偿（Tip comp）、加工余量（Stock to leave on check）、加工范围（Prompt for tool center bound），如图 7-37 所示。

按 Tool containment 栏的 Select… 选取此加工路线的范围：可选图 7-34 所示的加工范围，使用 Chain（串联）功能。

c. 设置曲面精加工等高参数（Finish contour parameters）：主要是设置最大步进量（Maximun stepdown）、进给形式（Direction of open contours）是单向铣（One way）还是双向铣（Zigzag），一般设置为双向铣，如图 7-38 所示。

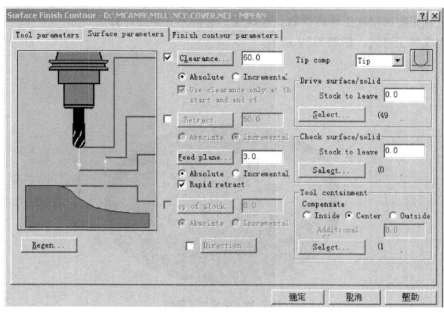

图 7-37　设置曲面参数

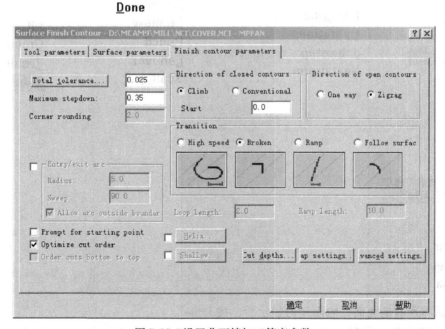

图 7-38　设置曲面精加工等高参数

④ 设置完曲面精加工等高参数，按确定，进行刀具路径计算。

⑤ 生成加工路线，如图7-39所示。

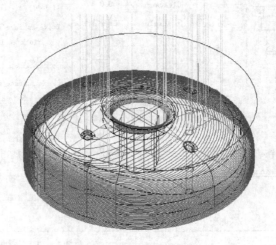

图7-39 生成加工路线

2) 径向式或称放射性精铣（radial）。加工步骤（一般圆形工件可使用这种路径）：

① 选 Toolpaths—Surface—Radial（刀具—曲面—精铣性放射）。

Analyze	New	Parallel	Unselect
Create	Contour	Par. Steep	
File	Drill	Radial	Window
Modify	Pocket	Project	
Xform	Face	Flowline	
Delete	Surface	Contour	
Screen	Multiaxis	Shallow	All
Solids	Operations	Pencil	Group
Toolpaths	Job setup	Leftover	Result
NC utils	Next menu	Scallop	Done

Surfaces

Color
Level
Mask

② 选择所有的曲面，曲面反白显示后，按 Done 。

③ 出现精加工曲面径向式铣削对话框，设置刀具参数（Tool parameters）、曲面参数

（Surface parameters）和精加工径向参数（Finish radial parameters）。

　　a. 刀具参数（Tool parameters）：设置主轴转速（Spindle）、进给速度（Feed rate）、Z 值进给率（Plunge）、退刀速率（Retract），刀具可设 φ6mm 的球刀，如图 7-40 所示。

　　b. 曲面参数（Surface parameters）：设置安全高度（Clearance）、退刀高度（Retract）、进刀高度（Feed plane）、刀尖补偿（Tip comp）、加工余量（Stock to leave on check），如图 7-41 所示。

　　c. 精加工径向参数（Finish radial parameters）：一般只设置加工最大角度增量（Max angle increment）、起始距离（Start distance）、起始角度（Start angle）、加工最大角度（Sweep angle）、切削方式（Cutting method），最好是用双向的（Zigzag），如图 7-42 所示。

　　④ 设置完曲面径向精加工参数后，按确定，会提示输入回转点（Enter rotation point），此时可选择多种选点方式，一般加工路线是辐射于圆的中心，所以可选用 Origin 或 Center。

Origin
Center
Endpoint
Intersec
Midpoint
Point
Last
Relative
Quadrant
Sketch

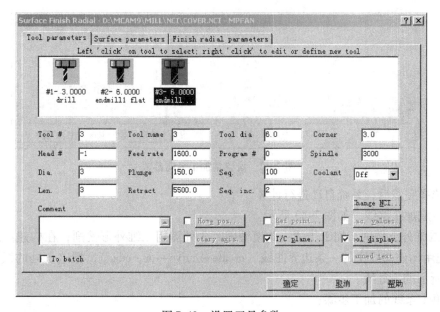

图 7-40　设置刀具参数

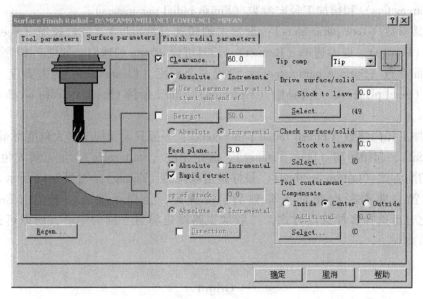

图 7-41　设置曲面参数

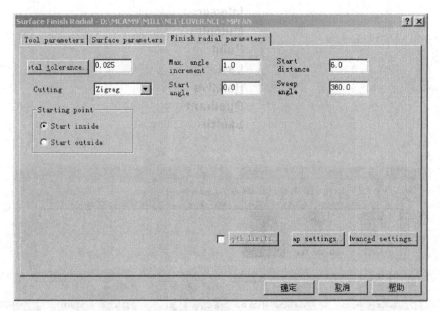

图 7-42　设置精加工径向参数

⑤ 选择完点后，系统自动进行计算。

⑥ 生成加工路线，如图 7-43 所示。

3）二维外形铣削。加工步骤：此模型现有 3 处需用二维外形铣削，在构建二维外形铣削前，先用构建曲线中的一条边界曲线（create→curve→one edge），把这 3 处的线画出，如图 7-44 所示的 3 处线。

① 第 1 条线的加工步骤：

a. 选 Toolpaths—Contour—Chain（刀具路径—外形铣削—串联）

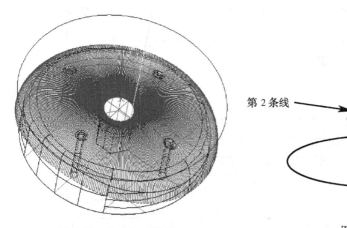

图 7-43　生成加工路线

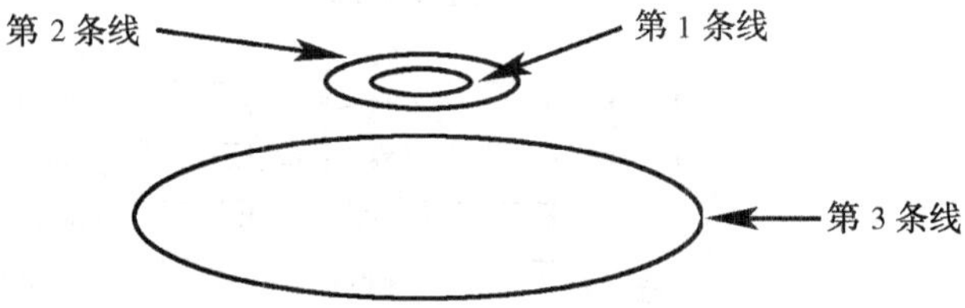

图 7-44　3 条边界线

Analyze	New	Chain	
Create	Contour	Window	Mode
File	Drill	Area	Options
Modify	Pocket	Single	Partial
Xform	Face	Section	Reverse
Delete	Surface	Point	Change strt
Screen	Multiaxis	Last	Unselect
Solids	Operations	Unselect	Done
Toolpaths	Job setup	Done	
NC utils	Next menu		

b. 用串接方式选择如图 7-44 所示的第 1 条线，按 Done 进入外形铣削参数对话框，设置刀具参数对话框（Tool parameters）和外形铣削参数对话框（contour parameters）。

刀具参数（Tool parameters）：设置主轴转速（Spindle）、进给速度（Feed rate）、Z 值进给率（Plunge）、退刀速率（Retract），刀具可设 ϕ6mm 的平刀，如图 7-45 所示。

曲面参数（Surface parameters）：设置安全高度（Clearance）、退刀高度（Retract）、进刀高度（Feed plane）、刀尖补偿（Tip comp）、XY 加工余量（XY stock to leave）、Z 加工余量（Z stock to leave）、刀补（Compensation direction）、进刀高度（Top of stock…）、加工深度（Depth），如图 7-46 所示。

其中勾选项中深度切削（Depth cuts…）的设置：先勾选该项，再按下（Depth cuts…）键，会出现图 7-47，此项用于设置最大粗加工步距（Max rough step），勾选 Keep tool down。

c. 设置完后，按确定键，生成加工路线，如图 7-48 所示。

② 第 2 条线（图 7-44）的加工步骤：与第 1 条线的不同之处是：

a. 刀补（Compensation direction）：按选择方向来定。

b. 进刀高度（Top of stock…）和加工深度（Depth）：都是相对值改 0。

c. 勾选项中不用选深度切削（Depth cuts），可勾选进刀/退刀（Lead in/out），其设置如图 7-49 所示。

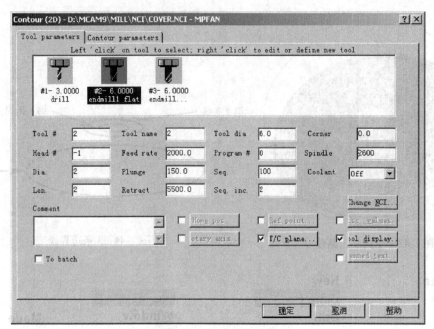

图 7-45　设置刀具参数

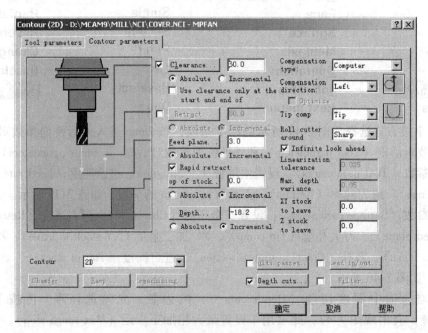

图 7-46　设置曲面参数

　　d. 生成加工路线如图 7-50 所示。

　　③ 第 3 条线（图 7-44）的加工步骤：第 3 条线的路径是切断路径，最后操作执行，它与上面的不同之处是：

　　a. 刀补（Compensation direction）：按选择方向来定。

　　b. 进刀高度（Top of stock…）和加工深度（Depth）：都是相对值，进刀高度为 2mm，加工深度为 0。

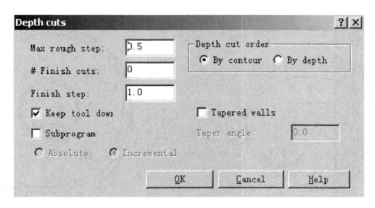

图 7-47 设置深度切削

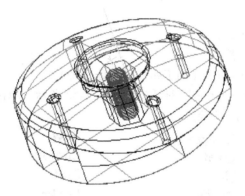

图 7-48 生成加工路线（一）

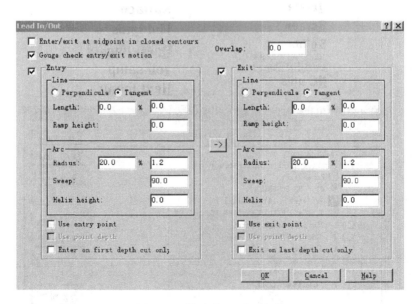

图 7-49 设置进刀/退刀参数

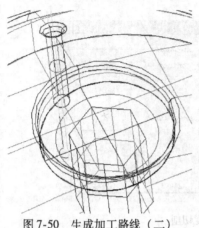

图7-50 生成加工路线（二）

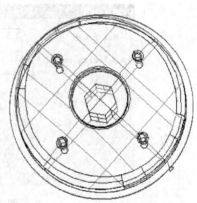

图7-51 生成加工路线（三）

c. 勾选项中要勾选深度切削（Depth cuts），还要勾选进刀/退刀（Lead in/out），其设置可参照上述值。

d. 加工路线，如图7-51。

（6）进入加工路线检验

1）选 Toolpaths—Operations（加工路线—操作管理）

2）出现"Operations Manager"对话框，如图7-52所示。单击 Select all，这时所有的加工路线都会打钩，最后单击 Verify。

Analyze	New
Create	Contour
File	Drill
Modify	Pocket
Xform	Face
Delete	Surface
Screen	Multiaxis
Solids	Operations
Toolpaths	Job setup
NC utils	Next menu

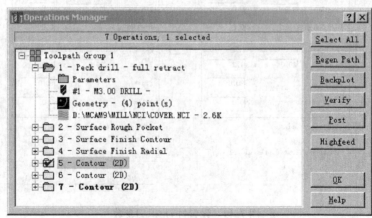

图7-52 "Operations Manager"对话框

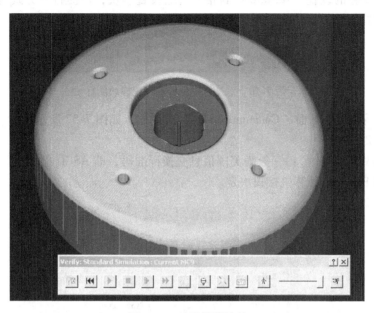

图 7-53　显示模拟结果

3）进入模拟状态后，显示模拟结果，如图 7-53 所示。

（7）进行程序后置处理　单击图 7-52 Select all 键，再单击图 7-52 中的 Post 键，出现 "Post processing" 对话框，如图 7-54 所示，生成程序如图 7-55 所示。

图 7-54　"Post processing" 对话框

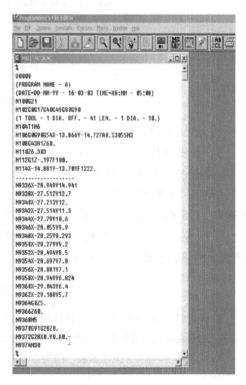

图 7-55　生成程序

（8）传输参数的设置 Mastercam 自带了传输设置模块，快捷打开方式为选择工具栏上的快捷键，如图 7-56 所示左起第 4 个图标。

图7-56 工具栏中的传输设置模块图标

单击它以后，出现下面"Communications"对话框，如图 7-57 所示。它们的含义是：

① 传输格式（Format）：一般为美国信息交换标准码，即 ASCII 格式。

② 串口（Port）由计算机接口决定。

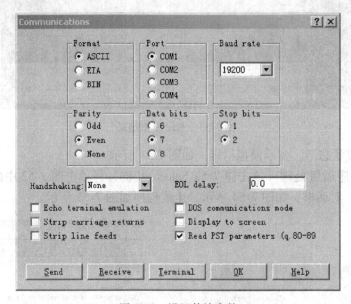

图7-57 设置传输参数

③ 停顿位数（Stop bits）：1 和 2。SIEMENS 常设为 1，FANUC 常设为 2。

④ 数据位数（Data bits）：7 和 8。SIEMENS 常设为 8，FANUC 常设为 7。

⑤ 奇偶校验（Parity）：偶数（Even）、奇数（Odd）、无（None）。

⑥ 传输速率（Baud rate）：110、300、1200、2400、4800、9600、19200、38400、57600、115200，常设定 4800、9600、19200，可对应加工中心参数设定。

（9）传送程序 传送程序是数控机床的接收工作，为把模式按钮打到纸带执行位置，计算机上的传输参数配置好了以后，单击上菜单的 Send，按循环启动按钮，即开始传输。

复习思考题

1. 什么叫自动编程？简述自动编程的工作过程。

2. 结合实际比较各种自动编程软件的优缺点。

3. 从 Mastercam 8.0 图档里调一图例，完成加工路线及后处理程序。

机械工业出版社

教师服务信息表

尊敬的老师：

您好！感谢您多年来对机械工业出版社的支持与厚爱！为了进一步提高我社教材的出版质量，更好地为职业教育的发展服务，欢迎您对我社的教材多提宝贵意见和建议。另外，如果您在教学中选用了《数控机床编程与操作　第 2 版》（冯小平　主编）一书，我们将为您免费提供与本书配套的电子课件。

一、基本信息

姓名：_____性别：_____职称：_____职务：_____

学校：_____系部：_____

地址：_____邮编：_____

任教课程：_____电话：_____手机：_____

电子邮件：_____QQ：_____MSN：_____

二、您对本书的意见及建议（欢迎您指出本书的疏漏之处）

三、您近期的著书计划

请与我们联系：

北京市西城区百万庄大街 22 号（100037）机械工业出版社·技能教育分社

王华庆（收）

Tel：010-88379877

Fax：010-68329397

E-mail：yuxunyueye@163.com